Collection *Mémentos acier*

Sécurité **incendie**

Loïc Thomas
Guy Archambault

Acier

Une publication de l'**OTUA**
Office technique pour
l'utilisation de l'acier
11, cours Valmy
92070 La Défense Cedex
tel 01 47 67 04 02
fax 01 41 25 55 70
www.otua.org

Direction éditoriale
Bertrand Lemoine

Rédaction
Loïc Thomas
Guy Archambault

Coordination éditoriale
Ève Jouannais
Nathalie Tournillon

Conception graphique
Illustrations
Joseph Défossez

Réalisation
Cedam
130, avenue de Versailles
75016 Paris
assocedam@wanadoo.fr

ISBN : 2-914941-00-5

Nous remercions pour leur
relecture attentive :
Patrick Le Pense,
Jules Mathieu et
Gérard Moreau.

(Avant-propos)

Évacuer et protéger les personnes sont les deux priorités de la sécurité incendie. Dans l'urgence consécutive au sinistre, permettre l'évacuation et rendre possible l'intervention des secours sont des exigences vitales motivant l'existence d'une réglementation.

Pour répondre à cette législation aux contraintes nécessaires, l'acier se décline en solutions techniques compétitives. C'est ce que s'efforce de démontrer la filière acier. Aucune autre industrie du domaine de la construction n'a autant investi pour connaître, améliorer en continu et maîtriser le comportement au feu des composants et systèmes de construction. De nombreuses possibilités s'offrent au concepteur grâce aux qualités du matériau. Incombustible, il n'encourage pas le développement du feu. Étanche aux flammes et aux gaz, il participe à la retenue des fumées mortelles. Résistant, ses performances peuvent être garanties à haute température moyennant une protection adéquate. En phase de refroidissement, il est le seul matériau structurel à pouvoir retrouver ses capacités d'origine. Cette exception permettra aux pompiers et experts de travailler en sécurité.

L'acier répond donc à toutes les exigences réglementaires. Cet ouvrage expose des solutions constructives efficaces mettant en œuvre ce matériau dans le respect de la législation en vigueur. Il permettra aux concepteurs d'acquérir les bases de la sécurité incendie et d'aller plus loin : connaître pour imaginer, construire pour préserver.

Les qualités de l'acier se conjuguent sur le mode de la *Sécurité incendie*, et sur bien d'autres encore. La collection « Mémentos acier» a pour objet d'exposer de manière synthétique et didactique les solutions proposées par la filière acier dans une situation donnée. Elle s'adresse avant tout aux maîtres d'œuvre, professionnels et étudiants, pour leur offrir des outils d'aide à la conception à la fois simples et pratiques.

Sommaire

1 GÉNÉRALITÉS

Le feu provoque chaque année en France le décès d'environ six cents personnes et des dégâts matériels considérables – plus de 1,22 milliard d'euros versés aux seules PME par l'ensemble des sociétés d'assurances en une année.
Le véritable risque lié à l'incendie est d'abord, pour les personnes, le dégagement de fumées toxiques. Celles-ci provoquent 98 % des décès, par asphyxie, dans les premiers instants de l'incendie. Dans un bâtiment à rez-de-chaussée, l'effondrement d'une structure pendant un incendie n'est quasiment jamais à l'origine des pertes humaines. En effet, l'effondrement suppose que la température dans le local en feu a atteint une valeur où aucune vie n'est plus possible depuis longtemps.
Il convient donc de se préoccuper du comportement de l'ouvrage pendant l'évacuation et celui de la phase suivante où le feu doit être éteint. De même, il importe de ne pas causer de dommages aux bâtiments tiers. Cette dimension doit être prise en compte dès l'origine : c'est avant tout une question de conception, où l'acier contribue largement à limiter la propagation des flammes.
Lorsque l'incendie est éteint, la structure en acier présente un avantage certain : contrairement à d'autres matériaux, l'acier retrouve sa résistance initiale. Cela limite le risque d'effondrement « à froid », après extinction, et la mise en péril de la vie des sapeurs-pompiers notamment.

Le concepteur se trouve ainsi face à deux problématiques : la réduction de la charge calorifique – limitation de l'usage de produits inflammables et très combustibles –, laquelle contribue à limiter la chaleur et le volume des fumées ; la protection des éléments de construction, afin de garantir la stabilité de l'ouvrage malgré le feu.
Deux voies combinables se présentent :
– la protection active, qui consiste à mettre en place des dispositifs qui se déclenchent lorsque la température s'élève et contribuent soit à éteindre l'incendie, soit à alerter les personnes présentes – systèmes d'arrosage automatique, diffusion de gaz spécifique, alarmes en tout genre, etc. ;
– la protection passive, par un revêtement approprié appliqué sur ou contre les structures à protéger – béton, plâtre, peintures intumescentes, mortier de perlite ou vermiculite, etc. – et des dispositions constructives (compartimentage, paroi coupe-feu, etc.).
La combinaison de plusieurs de ces dispositions permet de réduire les risques et de satisfaire les trois exigences auxquelles doit répondre tout bâtiment en cas d'incendie : évacuation des occupants, intervention des secours et limitation de la propagation du feu.

La législation nationale fixe les exigences que le concepteur devra atteindre en mettant en œuvre les dispositifs nécessaires. La législation européenne unifiera les moyens de répondre à ces exigences qui restent du ressort national. Cet ouvrage présente les textes réglementaires en vigueur et expose les solutions techniques qui permettront de préserver les personnes, protéger la structure durant le temps d'évacuation et répondre aux obligations réglementaires.

Le feu : un phénomène physique

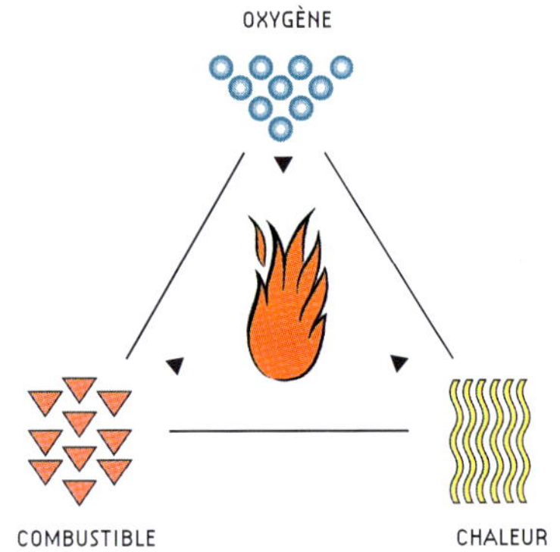

Le triangle du feu

Le feu est une équation à trois éléments : combustible + comburant (oxygène) + source de chaleur.
La combustion est une réaction exothermique (qui dégage de la chaleur) entre l'oxygène de l'air et certaines substances solides, liquides ou gazeuses (combustibles). C'est sous l'action d'une énergie d'activation, ou source de chaleur – flamme, échauffement, point chaud –, que les deux premiers éléments entrent en combustion, lorsque la température d'inflammation est atteinte.

Modes de propagation

Un incendie passe par une phase de développement, puis de régression, entraînant une élévation suivie d'une baisse de température.
Selon le mode d'inflammation et la nature du combustible, le développement sera plus ou moins rapide.
La sévérité du feu et la durée de ces phases dépendent de plusieurs paramètres :
- quantité et répartition des matériaux combustibles (charge incendie) ;
- vitesse de combustion de ces matériaux ;
- conditions de ventilation (ouvertures) ;
- géométrie du compartiment ;
- propriétés thermiques des parois du compartiment.

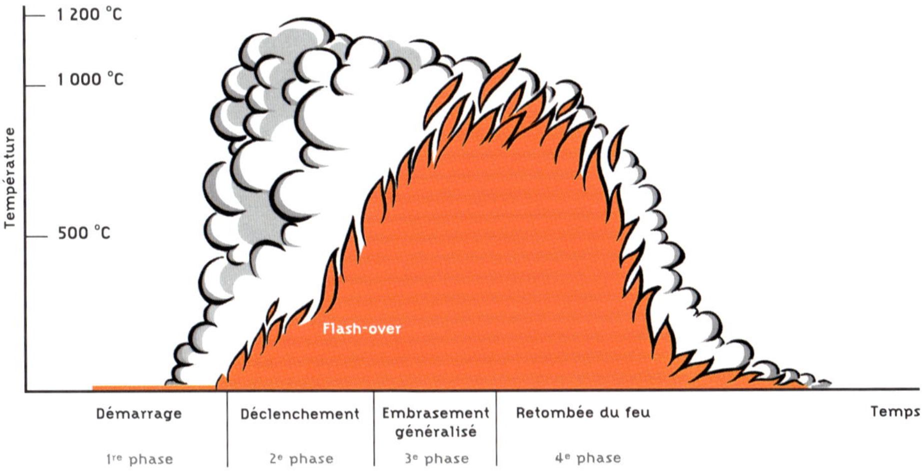

Démarrage du feu (1re phase)

La rapidité de démarrage d'un incendie sera fonction du combustible en cause, de sa forme, de la ventilation du lieu et du type de source d'allumage.
Durant la phase de feu couvant, la température est localisée au point d'ignition ; les premiers gaz et la fumée apparaissent.

Faits	– Première manifestation du feu, le combustible commence à brûler, la température à l'intérieur du local varie d'un point à un autre – Propagation du feu
Moyens de sécurité (Mesures actives)	– Détection automatique – Gardiennage – Extincteurs – Signalisation vers la sortie – Désenfumage – Sprinkleurs – Compartimentage – Dispositions constructives, liaison entre matériaux – Limitation de la charge combustible
Actions	– Appel des pompiers – Évacuation des personnes avant que la température atteigne 80-100 °C – Lutte des pompiers à l'intérieur et à l'extérieur du bâtiment

Déclenchement de l'incendie (2e phase)

Au cours de la deuxième phase, où le foyer est vif mais encore localisé, le rayonnement ou le contact des flammes atteint les matières proches, les gaz chauds se dégagent et emplissent le volume, annonçant la troisième phase.

Embrasement généralisé (3e phase)

Les gaz chauds accumulés portent les combustibles présents à leur température d'inflammation et l'ensemble du volume s'embrase brutalement (*flash-over*). L'incendie atteint son point maximal. La présence de gaz inflammables peut également provoquer des déflagrations plus ou moins violentes.

Faits	– La température dans le local en feu augmente – Les couches supérieures de gaz s'enflamment – Le front des flammes qui se propage le long du plafond est le *roll-over* ; il précède, aux environs de 500 °C, un embrasement spontané appelé « embrasement généralisé » ou *flash-over* – Le feu se développe complètement
Moyens de sécurité	– Compartimentage – Lutte des pompiers à l'extérieur – Dispositions constructives
Conséquences	– Après l'embrasement généralisé, la température des gaz augmente rapidement depuis 500 °C jusqu'à un pic pouvant dépasser 1 000 °C et devient quasi uniforme dans tout le volume – Avec le plein développement du feu et au bout d'un certain temps, les structures porteuses pourront se déformer

Retombée du feu (4e phase)

La violence du feu décroît avec la disparition progressive du combustible.

Faits	- Quand le combustible est consommé à 70 %, la température des gaz baisse
Conséquences	- L'acier, après refroidissement, retrouve ses propriétés mécaniques d'origine et sa capacité portante s'il n'a pas été exagérément déformé - Les ossatures métalliques peuvent être réparées, renforcées ou remplacées partiellement, les parties les plus endommagées étant récupérées et recyclées

La modélisation d'un incendie

La variation de température avec le temps lors d'un incendie est modélisée dans les exigences réglementaires actuelles par la courbe ISO 834 (reconnue internationalement), dite d'incendie conventionnel. Cette courbe logarithmique est utilisée pour les essais en laboratoire.

La courbe ISO 834 matérialise le rapport temps/température suivant :

5 min	576 °C	90 min	1 006 °C
10 min	678 °C	120 min	1 049 °C
30 min	842 °C	240 min	1 153 °C
60 min	945 °C		

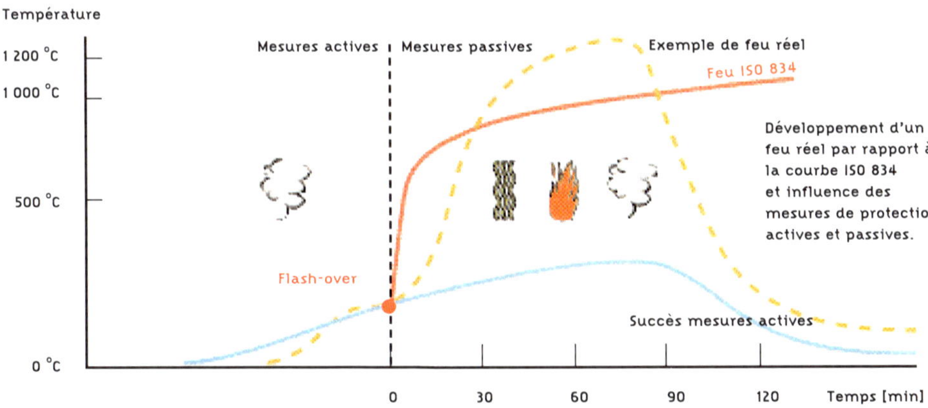

Développement d'un feu réel par rapport à la courbe ISO 834 et influence des mesures de protection actives et passives.

La courbe ISO 834 présente l'avantage de ne mettre en jeu directement qu'un seul paramètre (le débit combustible) et facilite la reproductibilité et la comparaison des résultats d'essais.

Modélisation d'un incendie réel

Le développement d'un feu réel n'est jamais identique à celui de l'incendie conventionnel défini par la courbe ISO 834, où la température augmente indéfiniment dans le temps (voir diagramme ci-dessus).
En effet, lors d'un incendie réel, la température finit par décroître lorsque le combustible est consommé à environ 70 %. En outre, les mesures actives et l'intervention des services de secours réduiront les violences du feu tandis que les mesures passives en limiteront la propagation.
Les mesures actives doivent permettre aux occupants d'évacuer le local en feu bien avant l'embrasement généralisé (*flash-over*). Certaines d'entre elles comme les sprinkleurs peuvent maîtriser ou éteindre un début d'incendie. Les effets des mesures passives seront utiles à partir du *flash-over*.

Influence de la charge combustible et de la ventilation

Le développement d'un incendie est lié à deux paramètres principaux : l'importance de la charge combustible contenue dans le local en feu et la surface des ouvertures du local sur l'extérieur.
L'augmentation des surfaces d'ouverture permet une meilleure ventilation et se traduit donc par des pics de température moins élevés et par une phase de décroissance plus rapide (voir graphique ci-contre).
Si l'alimentation en air est suffisante, ce qui entraîne un feu contrôlé par le combustible, ce sont l'importance et la disposition de la charge incendie qui exercent une influence décisive sur la sévérité du feu.

Destination du compartiment	*Charge incendie (MJ/m²)*	*Charge incendie (kg de bois/m²)*
Habitation	780	45
Hôpital (chambre)	230	13
Hôtel (chambre)	310	18
Bibliothèque	1 500	86
Bureaux	420	24
École (classes)	285	16
Centre commercial	600	34
Théâtre-cinéma	300	17
Transport (espace public)	100	6

Charges calorifiques d'activités types
(1 kg de bois/m² = 17,5 MJ/m²)
Source : Table E.4, Eurocode 1.

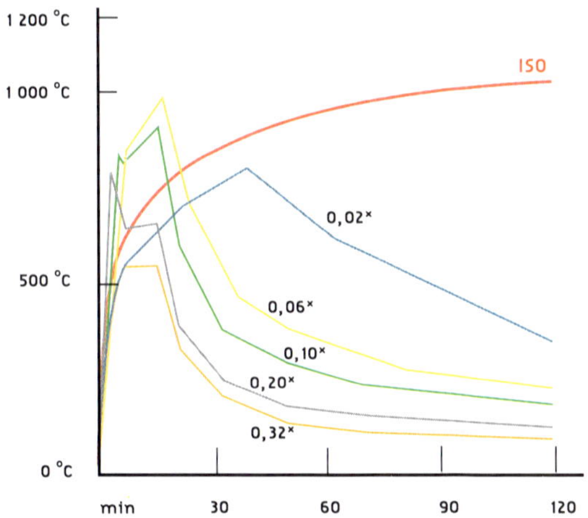

Influence des conditions de ventilation du local sur le développement de l'incendie.

Les courbes représentent le profil de l'incendie, en fonction du pourcentage de surface d'ouverture de ventilation dans le local concerné.

* Facteur de ventilation
Fv = A√h/At
A = surface de l'ouverture (m²)
h = hauteur de l'ouverture de ventilation (m)
At = surface totale des parois du local (m²)

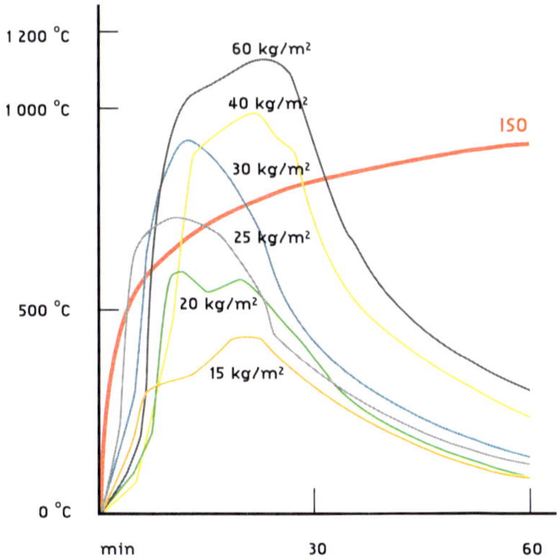

Influence de la charge combustible (en kg de bois/m²) sur le développement de l'incendie.

Le développement de l'incendie et l'élévation de la température sont liés à la charge combustible dans les locaux concernés.
Le graphique permet de mesurer la différence entre un feu réel et la courbe normalisée ISO, sous un même facteur de ventilation Fv = 0,091 $m^{1/2}$.

Méthodologie d'essais

Les essais en laboratoire sont réalisés pour caractériser la résistance et la réaction au feu des produits.

La résistance au feu

Pour vérifier la stabilité au feu d'une structure, à défaut de calcul, on peut procéder à un essai normalisé. On vérifie le temps de résistance d'un élément en acier protégé ou non (une poutre ou un plancher par exemple) vis-à-vis d'un feu conventionnel (ISO 834) et ce, jusqu'à la déformation excessive ou la ruine de l'élément (température critique de l'acier). Ces essais sont conduits dans des laboratoires agréés. L'arrêté du 3 août 1999, avec ses quatorze annexes, a pour objet de fixer les méthodes et conditions d'évaluation des performances de résistance au feu des produits.

Les essais de résistance au feu permettent d'estimer la stabilité au feu, le degré pare-flammes ou coupe-feu d'un produit ou d'un élément de construction.

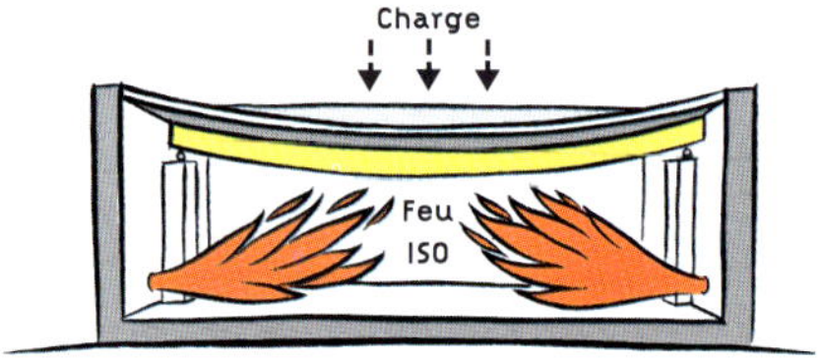

La température des gaz chauds dans le four d'essais doit suivre une courbe conforme à celle qui est déterminée par la norme ISO 834.

La réaction au feu

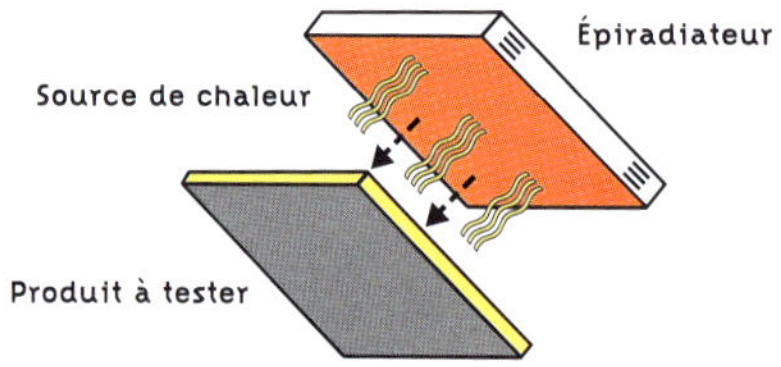

Elle concerne essentiellement la combustibilité d'un matériau et sa plus ou moins grande inflammabilité. L'arrêté du 30 juin 1983, modifié par l'arrêté du 28 août 1991, définit les modes de classement. Les essais sont réalisés dans des laboratoires agréés sous un appareil que l'on nomme communément « épiradiateur ».

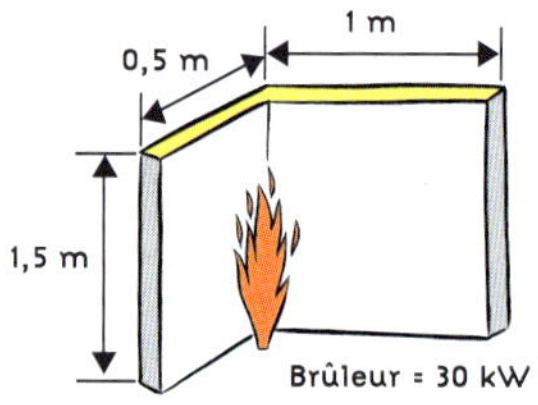

Le test SBI prend en compte quatre critères d'évaluation :
- mesure de températures ;
- concentration en O_2 et CO_2 ;
- atténuation lumineuse ;
- observation de la chute des gouttes.

Au niveau européen, un nouvel essai remplacera à terme l'essai français de réaction au feu : l'essai SBI (*Single Burning Item*). Il répond à la norme NF EN 13 501-1 qui détermine le classement des scénarios incendie par ordre croissant :
- attaque ponctuelle à la petite flamme ;
- attaque par un objet isolé enflammé dans un coin ;
- embrasement généralisé :
  - test à la bombe calorimétrique,
  - test de non-combustibilité.

Prévention et protection

Le risque d'incendie existera toujours puisqu'il est impossible de n'utiliser que des produits incombustibles dans les bâtiments. Aussi, le respect et la mise en place d'un ensemble de mesures de prévention adéquates et leur prise en compte dans la conception du bâtiment sont essentiels pour limiter et maîtriser le risque incendie.

Les principes de la prévention

La prévention incendie vise, par un ensemble de mesures actives et passives, à :
– assurer la sécurité des personnes directement menacées par les effets d'un sinistre ;
– permettre aux secours d'intervenir ;
– limiter les risques d'extension du feu.
La stabilité de l'édifice, la nature des matériaux employés, le nombre et la répartition des issues, doivent permettre une évacuation aisée. La prévention incendie vise également, par les moyens de détection et d'extinction appropriés, à détecter et à combattre au plus tôt le sinistre, limitant ainsi la perte des biens.
Les réglementations instituant ces mesures sont établies en fonction du type d'utilisation des bâtiments. En effet, le danger pour les personnes n'est pas le même suivant que l'utilisateur connaît ou non l'établissement, qu'il s'agit de locaux à sommeil ou non, que le bâtiment est en rez-de-chaussée ou à étages…

Il existe donc différentes réglementations pour :
– les établissements recevant du public (ERP) car les occupants venus de l'extérieur ne sont pas censés connaître les bâtiments et les chemins de fuite en cas d'évacuation ;
– les logements, où le risque est important, notamment la nuit ;
– les bureaux, réputés sécuritaires, puisque les gens qui y travaillent connaissent bien les lieux et sont soumis à des exercices d'évacuation ;
– les bâtiments industriels et agricoles, qui sont souvent des bâtiments à simple rez-de-chaussée, faciles d'évacuation, avec très peu d'effectifs par rapport à la superficie des lieux ;
– les installations classées (entrepôts) soumises à autorisation ou déclaration ;
– les parkings, où les dangers sont plus importants en souterrain qu'en aérien (évacuation des fumées).

L'arrêté du 3 août 1999 ouvre la voie aux « calculs au feu » validés par des essais. Dans cette configuration, la structure mixte (poutre acier + plancher béton ou mixte) peut répondre à des exigences descriptives surtout si le risque correspondant est réduit.

Protection active

Les protections initiales sont dites « actives » lorsqu'elles mettent en œuvre des dispositifs dynamiques (détection, alarmes, désenfumage, sprinkleurs) ou font intervenir l'action humaine pour éteindre le début d'incendie (robinet d'incendie armé ou RIA). Elles ont pour objectif premier de permettre l'évacuation des personnes dans les meilleurs délais et de faciliter l'intervention rapide des secours. Le feu doit être détecté au plus tôt pour être combattu efficacement. L'ensemble des protections actives doit être efficace dans les deux premières phases de développement du sinistre.
Quelques dispositifs de protection active :
– les détecteurs, réagissant à la fumée, à la chaleur, ou aux flammes, déclenchent une alarme sonore et la mise en œuvre de certains équipements ;
– les consignes de sécurité et le balisage favorisent l'évacuation des occupants ;
– le système de désenfumage évacue les fumées toxiques, facilitant l'évacuation des occupants sans dommages et l'intervention des secours ;
– les moyens de lutte, extincteurs ou RIA, permettent l'attaque immédiate du feu ;
– les sprinkleurs, réseau d'extinction automatique, attaquent sans délai le feu naissant.

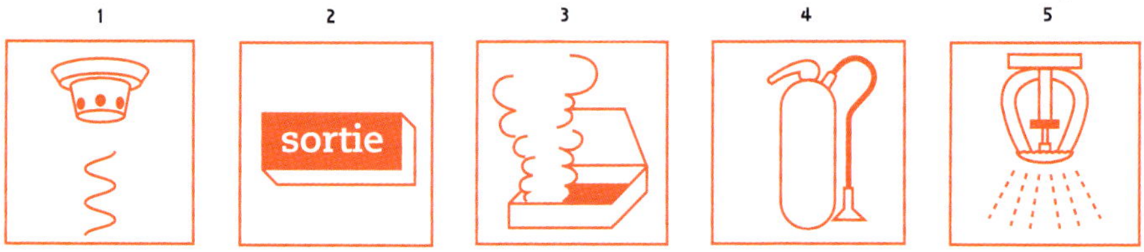

Détection de fumée | Balisage | Désenfumage | Extinction | Sprinkleurs

Les systèmes intégrés de détection et d'extinction

Les détecteurs de fumée alertent les occupants sur le départ d'un feu et leur permettent de prendre les mesures d'urgence prévues en pareil cas, dont la mise en application des procédures d'évacuation ; c'est un élément de la détection précoce d'un feu. Leur présence dans les locaux recevant du public ou dans les bâtiments relevant du Code du travail est souvent obligatoire. En France, pour les bâtiments d'habitation, il n'y a aucune obligation, alors qu'aux États-Unis, 93 % des logements en sont équipés et qu'au Royaume-Uni, depuis juin 1992, le Code de l'immobilier stipule que tout logement neuf ou rénové doit en être équipé. Ils s'intègrent à la chaîne globale de sécurité et ne doivent pas occulter les autres éléments de sécurité.

Les sprinkleurs

Les sociétés d'assurances privilégient ce type d'extinction dans les entrepôts et dans un grand nombre de bâtiments industriels. En effet, compte tenu des matériaux stockés, le risque d'incendie y est plus grand. Leur efficacité est toutefois largement liée à la hauteur du local. Jadis, la hauteur d'efficacité était limitée à 8 mètres. Aujourd'hui, de nouveaux types de sprinkleurs ESFR, dits « sprinkleurs d'attaque du feu », chargés d'éteindre et non plus de circonscrire le feu, efficaces jusqu'à 12 mètres, sont disponibles. L'expérience montre que la fiabilité des sprinkleurs est d'environ 98 %.
Dans des pays comme la Suisse ou la Suède, les pouvoirs publics encouragent le renforcement de ces systèmes intégrés, réduisant, en compensation, les exigences en termes de stabilité au feu.

Protection passive

La protection passive regroupe les moyens mis en œuvre pour limiter les effets destructeurs du feu – résistance au feu, matériaux ou dispositifs coupe-feu et pare-flammes, emploi de matériaux avec différentes réactions ou résistances au feu. Les notions de réaction au feu et de résistance au feu sont définies plus en détail au chapitre 2.
La stabilité au feu d'un bâtiment, spécifiée dans la réglementation, ne représente pas la valeur réelle de tenue au feu de l'ouvrage, mais un temps de référence sous feu conventionnel. Elle s'exprime en heures et en fractions d'heures.

Les principales recommandations pour une bonne sécurité

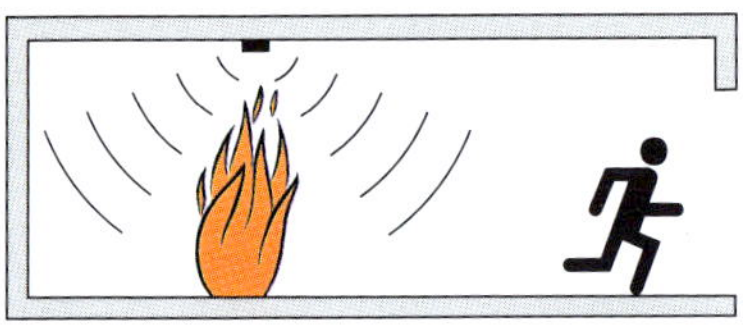

Alarme - détection

Permet l'évacuation du bâtiment dès les premiers instants de l'incendie

Désenfumage

– Évacue les gaz nocifs
– Limite l'extension du feu
– Facilite l'évacuation des occupants
– Permet l'intervention des secours

Cantonnement

Une retombée en plafond, le cantonnement, piège les fumées et évite l'extension des gaz nocifs

Sprinkleurs

– Maîtrisent le début d'incendie
– Limitent l'extension du feu

Pompiers

La proximité, les équipements et l'accessibilité des pompiers permettent de sauver des vies humaines, limitent les pertes et évitent la propagation à un tiers

Normes de sécurité

La formation du personnel, la présence d'extincteurs homologués régulièrement entretenus et de RIA augmentent les possibilités d'intervention précoce et donc d'extinction du feu

Compartimentage

– Le cloisonnement des espaces facilite l'évacuation des personnes et retarde ou empêche l'extension du feu
– Assure la sécurité des secours hors du local enflammé

Structure résistant au feu

La résistance au feu n'a que peu d'influence dans les immeubles de faible hauteur, mais elle est importante dans les bâtiments à plusieurs étages pour préserver le temps nécessaire à l'évacuation des occupants et assurer la sécurité des pompiers et des personnes attendant les secours dans le bâtiment

2 RÉGLEMENTATION INCENDIE

Il existe en France deux types de réglementations :

- concernant le comportement des éléments de construction : la résistance au feu ;
- concernant les matériaux : la réaction au feu.

La résistance au feu

Conformément à l'arrêté du 3 août 1999, la justification de la résistance au feu des éléments de construction peut être obtenue à partir :
- d'un essai au feu effectué sur un échantillon représentatif de l'élément concerné ;
- d'une analyse spécifique (extension de classement, avis de chantier) délivrée par un laboratoire agréé ;
- d'un calcul conformément à une méthode agréée par le CECMI, selon les DTU ou les Eurocodes.

La résistance au feu doit permettre, pendant les phases de développement, de limiter l'ampleur du sinistre en attendant l'intervention des secours.
Les éléments de construction et équipements employés doivent opposer une résistance au feu ou à ses effets (chaleur, fumée) pendant une durée correspondant au rôle qu'ils ont à assurer. Fixée réglementairement, celle-ci est évaluée en fractions d'heures ou en heures.

Compte tenu de l'évolution de la réglementation européenne, on parlera de critères : R pour la stabilité, E pour l'étanchéité aux gaz, I pour l'isolation thermique.

Stabilité au feu (SF) = (R)

Temps durant lequel la résistance mécanique sous charge est assurée.

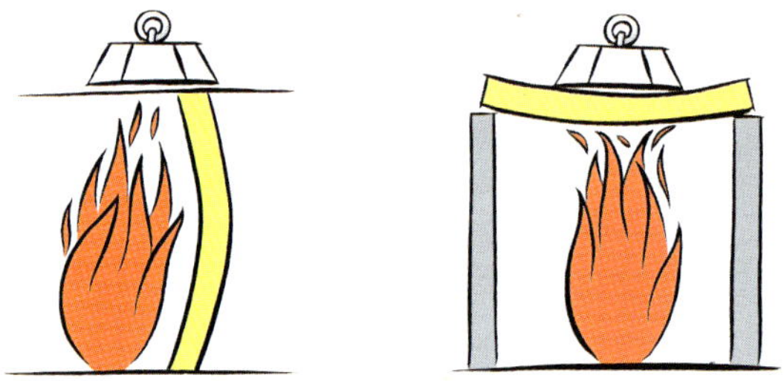

Pare-flammes (PF) = (RE ou E)

Temps pendant lequel l'étanchéité sous charge aux flammes, gaz chauds et toxiques, est assurée.

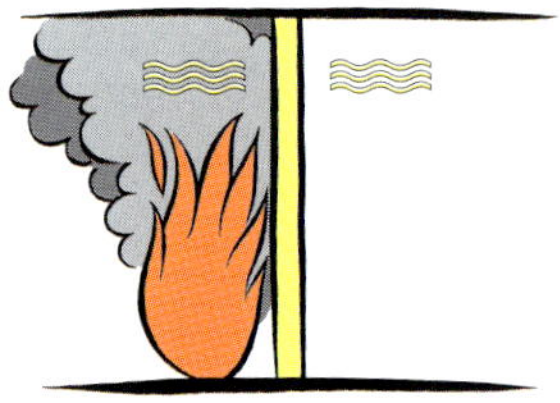

Coupe-feu (CF) = (REI ou EI)

Le degré coupe-feu (isolation thermique) définit le temps pour atteindre la température de 140 °C en moyenne et 180 °C ponctuellement sur la face opposée au feu.

La réglementation concernant la destination de l'ouvrage

Selon la destination des bâtiments et les risques que leur exploitation peut générer, diverses mesures de protection active et passive sont exigées. Ces exigences réglementaires sont placées sous la responsabilité de plusieurs ministères.

Ministère de l'Intérieur	– Immeubles de grande hauteur (IGH) : arrêté du 18 octobre 1977, modifié le 22 octobre 1982 et le 16 juillet 1992 – Établissements recevant du public (ERP) : arrêté du 25 juin 1980
Ministère du Logement	Habitations : arrêté du 31 janvier 1986
Ministère de l'Environnement	Installations classées : loi du 19 juillet 1976
Ministère du Travail	Bureaux : arrêté du 5 août 1992 et circulaire du 14 avril 1995

Entrepôts (installations classées)

Les entrepôts de stockage entrent dans le champ des « installations classées » (rubrique 1510) lorsqu'ils contiennent des produits ou substances combustibles en quantité supérieure à 500 tonnes. Ils sont soumis à autorisation lorsque le volume intérieur du bâtiment est supérieur ou égal à 50 000 mètres cubes. Ils sont soumis à déclaration lorsque le volume est supérieur à 5 000 mètres cubes mais inférieur à 50 000 mètres cubes.

Entrepôts soumis à déclaration

Les entrepôts d'une hauteur inférieure à 10 mètres (à la sablière) ne font l'objet d'aucune contrainte de stabilité au feu de la structure.
Pour une hauteur supérieure à 10 mètres ou pour un entrepôt de deux niveaux et plus, une stabilité d'une demi-heure pour la structure est exigée. La stabilité au feu des structures porteuses de planchers pour les entrepôts de deux niveaux et plus est de deux heures, les planchers doivent être coupe-feu deux heures.
La toiture des entrepôts soumis à la réglementation « installations classées » est M0, ce qui correspond, par exemple, au bac acier sec.

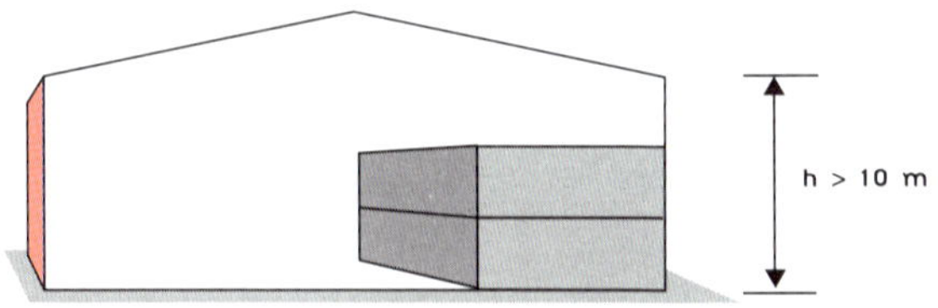

Entrepôt d'une hauteur supérieure à 10 mètres à la sablière ou entrepôt à deux niveaux.

Entrepôts soumis à autorisation

Paru au journal officiel du 1er janvier 2003, l'arrêté du 5 août 2002 relatif à la prévention des sinistres dans les entrepôts couverts soumis à autorisation sous la rubrique 1510 s'applique depuis le 1er juillet 2003. Il introduit une évolution majeure dans l'approche du risque incendie grâce à la prise en compte de l'ingénierie incendie qui permet à tous types de matériau de structure, et notamment l'acier, de répondre aux exigences liées à l'incendie et de prendre en compte les mesures actives (sprinkleurs...).

L'article 6 de cet arrêté demande que les dispositions constructives visent à ce que la ruine d'un élément n'entraîne pas la ruine en chaîne de la structure, ni le dispositif de recoupement, et ne favorise pas l'effondrement vers l'extérieur de la première cellule en feu : exigences fondamentales auxquelles l'acier répond bien, moyennant quelques précautions constructives mineures.

Taille des cellules	*Hauteur du bâtiment au faîtage (article 6)*	
(article 9)	*moins de 12,50 m*	*plus de 12,50 m*
3 000 m²	Aucune exigence particulière	Structure SF 1 h ou, si sprinkleurs, ingénierie incendie
de 3 000 à 6 000 m²	Sprinkleurs obligatoires	
	Aucune exigence particulière	Structure SF 1 h ou ingénierie incendie
Au-delà de 6 000 m²	Sprinkleurs obligatoires	
	Ingénierie incendie obligatoire + avis du CSIC	

Tableau synthétisant quelques exigences vis-à-vis de l'incendie.

Bâtiments industriels

Les établissements industriels, commerciaux et agricoles sont assujettis aux dispositions du Code du travail en matière de prévention incendie.

Compte tenu de la facilité d'évacuation des locaux, ce type de bâtiment à rez-de-chaussée ne fait pas l'objet d'exigences quant au degré de stabilité au feu de la structure.

Bâtiments de bureaux

Les exigences en matière de stabilité au feu de la structure pour les immeubles de bureaux sont définies par le Code du travail (articles R. 235-4), arrêté du 5 août 1992.

Hauteur du plancher haut	*Exigence structure + plancher*	
Hauteur ≤ 8 m	Pas d'exigence	
Hauteur > 8 m	Structure SF 1 h Plancher CF 1 h	Dispense possible pour les structures acier après analyse du risque réel

Règles générales applicables aux immeubles de bureaux ; résistance au feu des structures et planchers.

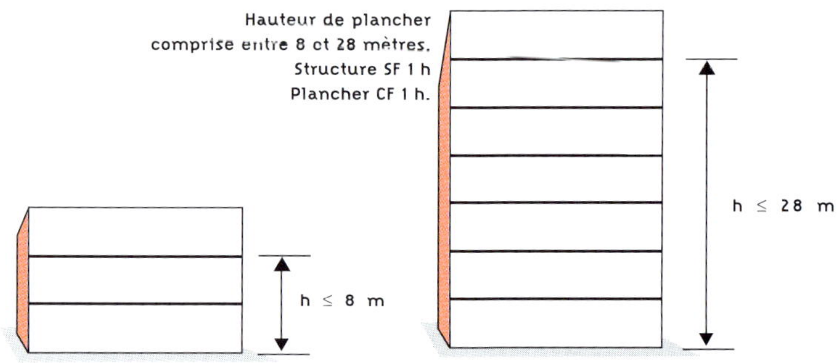

Cas spécifique des Immeubles de grande hauteur (IGH)

Est défini comme IGH tout corps de bâtiment dont le plancher bas du dernier niveau est situé, par rapport au niveau du sol utilisable par les engins :
– à plus de 50 mètres pour les immeubles d'habitation ;
– à plus de 28 mètres pour les autres immeubles.
La réglementation applicable est l'arrêté du 18 octobre 1977, modifié le 22 octobre 1982 et le 16 juillet 1992.
La structure poutres-planchers doit être stable au feu deux heures.
Les matériaux de façade doivent être M0, à l'exception des stores et fenêtres.
La règle du C + D s'applique aux IGH. Elle consiste à imposer sur une distance minimum un écran à la propagation du feu d'un étage à l'autre par les fenêtres.
Le potentiel calorifique des façades doit être inférieur à 25 MJ/m^2, soit 1,5 kilogramme de bois par mètre carré.

Établissements recevant du public (ERP)

Les établissements recevant du public sont classés en cinq catégories selon leur effectif habituel (arrêtés du 22 juin 1990 et du 12 juin 1995).

1re catégorie	Supérieur à 1 500 personnes
2e catégorie	701 à 1 500 personnes
3e catégorie	301 à 700 personnes
4e catégorie	300 personnes et moins
5e catégorie	Établissements faisant l'objet de l'article R. 123-14 du Code de la construction, dans lesquels l'effectif n'atteint pas le seuil spécifique

<table>
<tr><th>Établissement occupant entièrement le bâtiment</th><th>Établissement occupant partiellement le bâtiment</th><th>Catégorie de l'établissement</th><th>Résistance au feu</th><th>Règle du C + D</th></tr>
<tr><td>Suivant seuil spécifique (p. 28)</td><td></td><td>5e catégorie</td><td>Pas d'exigence</td><td>Non</td></tr>
<tr><td>Simple rez-de-chaussée</td><td>Rez-de-chaussée à un seul niveau</td><td>Toutes catégories</td><td>Structure SF 1/2 h
Plancher CF 1/2 h</td><td>Non</td></tr>
<tr><td rowspan="2">Plancher bas du niveau le plus haut situé à moins de 8 m du sol</td><td rowspan="2">Différence de hauteur entre les niveaux extrêmes de l'établissement inférieure ou égale à 8 m</td><td>2e catégorie
3e catégorie
4e catégorie</td><td>Structure SF 1/2 h
Plancher CF 1/2 h</td><td>Non</td></tr>
<tr><td>1re catégorie</td><td>Structure SF 1 h
Plancher CF 1 h</td><td>C + D</td></tr>
<tr><td rowspan="2">Plancher bas du niveau le plus haut situé à plus de 8 m du sol et jusqu'à 28 m</td><td rowspan="2">Différence de hauteur entre les niveaux extrêmes de l'établissement supérieure à 8 m</td><td>2e catégorie
3e catégorie
4e catégorie</td><td>Structure SF 1 h
Plancher CF 1 h</td><td>C + D</td></tr>
<tr><td>1re catégorie</td><td>Structure SF 1 h 1/2
Plancher CF 1 h 1/2</td><td>C + D</td></tr>
</table>

Règles applicables aux ERP ; résistance au feu des structures et planchers.

ERP de 5e catégorie

Pour les ERP de 5e catégorie, le seuil spécifique est défini par les types d'exploitation :

Type	*Nature de l'exploitation*	*Effectif*		
L	Salle d'audition, de conférences, de réunion, de spectacle, de projection	Sous-sol : 100		Total : 200
	ou à usage multiple	Sous-sol : 20		Total : 50
M	Magasin de vente, centre commercial	Par niveau : 100		Total : 200
N	Restaurant, débit de boissons	Sous-sol : 100	Étages : 200	Total : 200
O	Hôtel, pension de famille			Total : 100
P	Salle de danse ou de jeu	Sous-sol : 20	Étages : 100	Total : 120
R	Crèche, maternelle, jardin d'enfants, garderie	Interdit au sous-sol		Total : 100
	Autre établissement d'enseignement	Sous-sol : 100	Étages : 100	Total : 200
S	Bibliothèque, centre de documentation	Sous-sol : 100	Étages : 100	Total : 200
T	Salle d'exposition	Sous-sol : 100	Étages : 100	Total : 200
U	Établissement de soins	De jour : 100	De nuit : 20 lits	
V	Établissement de culte	Sous-sol : 100	Étages : 200	Total : 300
W	Administration, banque, bureaux	Sous-sol : 100	Étages : 100	Total : 200
X	Établissement sportif couvert	Sous-sol : 100	Étages : 100	Total : 200
Y	Musée	Sous-sol : 100	Étages : 100	Total : 200
OA	Restaurant d'altitude			Total : 20
GA	Gare			Total : 200
PA	Établissement de plein air			Total : 300

Atriums

En matière d'incendie, les atriums sont régis par l'instruction technique n° 263 relative à la construction et au désenfumage des volumes libres intérieurs dans les ERP. Elle ne peut concerner que les bâtiments à construire.
On admet qu'un volume libre intérieur soit construit à l'intérieur d'un bâtiment à condition qu'il ait une dimension minimale dans sa plus petite largeur, selon la formule $l \geq \sqrt{7}\,h$:
– la largeur minimum dépend de la hauteur h entre le plancher de l'atrium et le plancher bas du niveau le plus élevé ;
– la largeur l dépend de la configuration des lieux. Si les dimensions de l sont respectées, on peut dire que les façades donnant sur un atrium couvert seront traitées comme s'il s'agissait de façades à l'air libre. Cette largeur l est donc essentielle.

Ce texte prévoit un niveau de désenfumage différent, suivant que l'atrium possède ou non, à son niveau bas, un potentiel calorifique élevé.
Si le potentiel calorifique des éléments mobiliers est faible ou nul, le désenfumage doit être réalisé par des ouvertures représentant 1/20e de la section de base de l'atrium. Dans le cas contraire, la valeur est portée à 1/15e de la section de base.

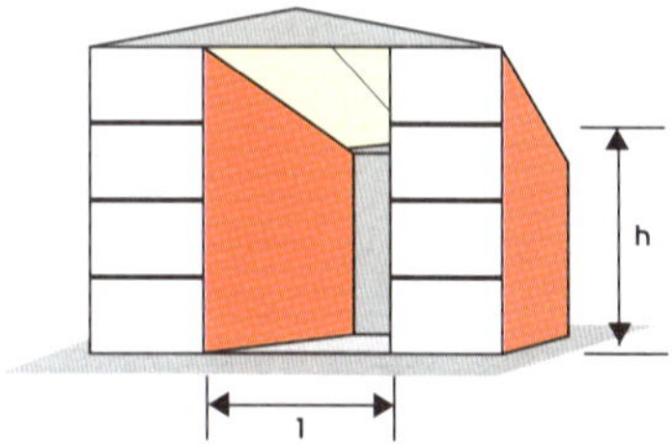

$l \geq \sqrt{7h}$

Le volume libre intérieur construit à l'intérieur du bâtiment, l'atrium, doit avoir une largeur minimum égale à la racine de sept fois la hauteur, comptée depuis le sol jusqu'au plancher bas du niveau le plus élevé.

Logements

Le Code de la construction et de l'habitation et l'arrêté du 31 janvier 1986 classent les types d'habitations en familles.

	Exigence structure	*Exigence façade Arrêté du 18 août 1986*	*Exigence séparatif logements*
1re famille (individuel ou jumelé)	SF 1/4 h	Non	CF 1/4 h
1re famille (en bande)	SF 1/4 h	Non	CF 1/4 h Recoupement CF 1/2 h tous les 45 m
2e famille (individuel ou jumelé)	SF 1/2 h Plancher entre logements CF 1/2 h	Non	CF 1/4 h
2e famille (en bande)	SF 1/2 h Plancher entre logements CF 1/2 h	Non	CF 1/4 h Recoupement CF 1/2 h tous les 45 m
2e famille (collectif)	SF 1/2 h Plancher CF 1/2 h	Non	CF 1/2 h
3e famille h < 28 m	SF 1 h Plancher CF 1 h	C + D	CF 1/2 h Recoupement CF 1 h 1/2 tous les 45 m
4e famille 28 m ≤ h ≤ 50 m	SF 1 h 1/2 Plancher CF 1 h 1/2	C + D	CF 1 h Recoupement CF 1 h 1/2 tous les 45 m

Règles générales applicables aux habitations ; résistance au feu des structures et planchers.

1re FAMILLE

HABITATIONS INDIVIDUELLES

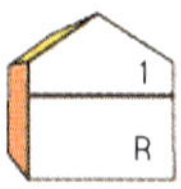

Isolées

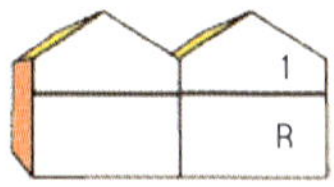

Jumelées

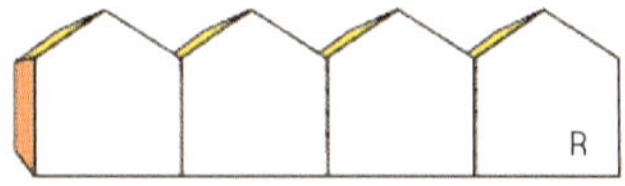

En bande

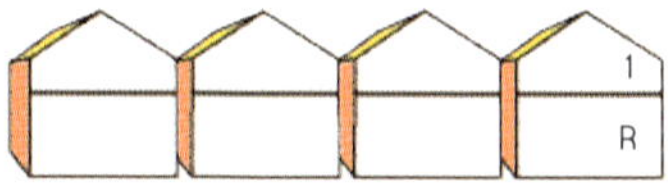

En bande à structures indépendantes

2e FAMILLE

HABITATIONS INDIVIDUELLES

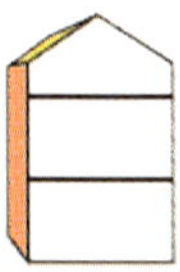

Isolées

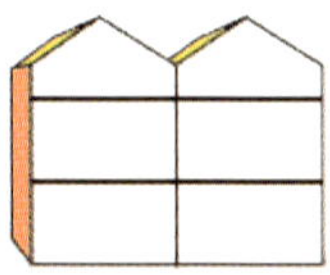

Jumelées

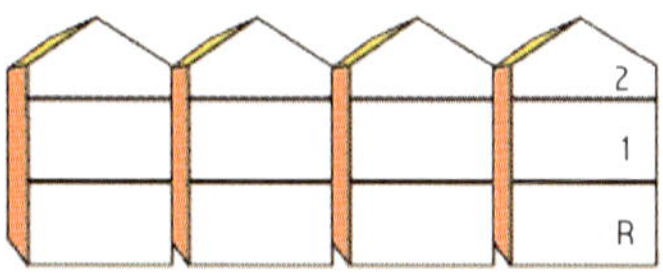

En bande

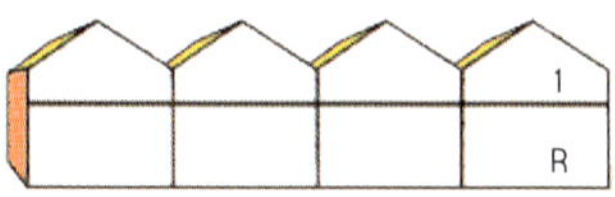

En bande à structures non indépendantes

IMMEUBLES COLLECTIFS h = R + 3 maximum

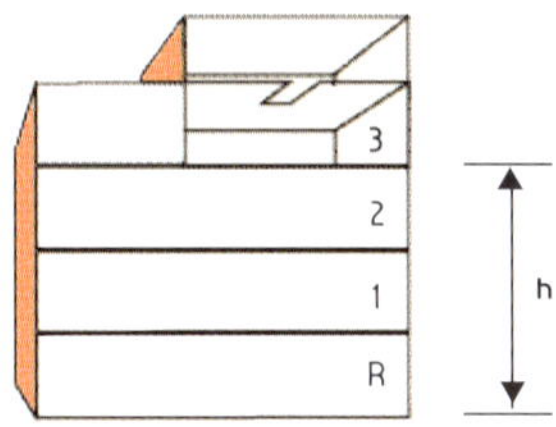

3e FAMILLE

IMMEUBLES COLLECTIFS h = R + 7 maximum

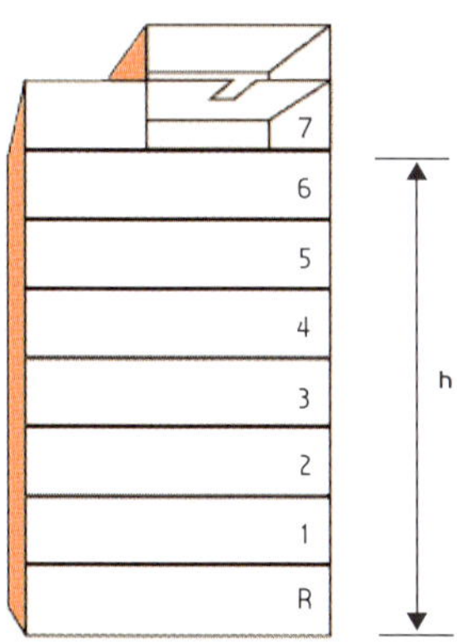

4e FAMILLE

IMMEUBLES COLLECTIFS 28 m ≤ h ≤ 50 m

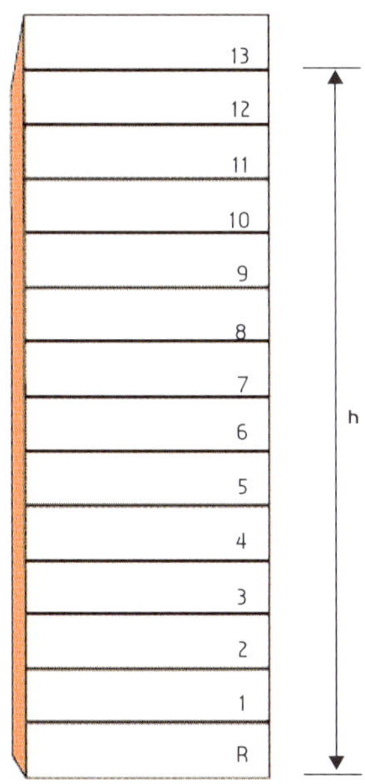

Parcs de stationnement ouverts

Actuellement, en France, les parcs de stationnement ouverts à deux niveaux (R + 1) sont soumis à une obligation de stabilité au feu des structures d'une demi-heure.

Dans de nombreux pays européens, les parkings à étages ouverts ne font l'objet d'aucune exigence de stabilité au feu ; compte tenu du faible potentiel calorifique de tels ouvrages, leur résistance en cas d'incendie est considérée comme infinie. En effet, dans le cas d'un incendie de voiture dans un parc de stationnement ouvert, il n'y aura pas ruine de la structure et il n'est pas nécessaire de prévoir des moyens particuliers de protection passive.
En France, les parcs de stationnement publics ou privés d'une capacité supérieure à deux cent cinquante places sont soumis à l'instruction technique du 3 mars 1975. À l'étranger, et notamment en Allemagne, un parc de stationnement est considéré comme « ouvert » lorsque, à chaque niveau, la surface de ventilation dans les parois de deux façades opposées est au moins égale au tiers de la surface de toutes les parois et correspondant à 5 % de la surface du plancher d'un niveau de stationnement.

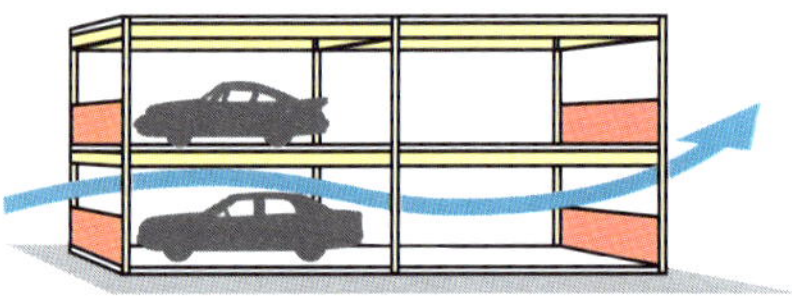

	Exigences actuelles en France
Parcs R + 1	SF 1/2 h
Parcs R + 2	SF 1 h
Parcs au-dessus de R + 2 jusqu'à 28 m	SF 1 h 1/2
Parcs de hauteur > 28 m	SF 2 h

Résistance au feu des structures : règles générales applicables aux parcs ouverts de plus de 250 véhicules.

Néanmoins, aujourd'hui, l'arrêté du 3 août 1999 relatif à la « résistance au feu des produits, éléments de construction et d'ouvrages » indique :
Article 24 : « ... Dans le cas où cette appréciation prend en compte une ou des actions thermiques autres que celles utilisées dans les essais conventionnels, l'autorisation des autorités publiques compétentes est requise... » Cet arrêté qui reconnaît les parties « feu » des Eurocodes permet de calculer la tenue des structures acier vis-à-vis des scénarios d'incendie.
Pour les parkings de moins de deux cent cinquante places, la Commission centrale de sécurité a validé les scénarios de feux de voitures sur un parking à Aubervilliers (93) et à Saverne (67).
Pour ceux soumis à « Installations classées » (supérieurs à deux cent cinquante places), l'Ineris a validé en octobre 2001 des scénarios d'incendie de calcul et le ministère de l'Environnement a validé ces actions thermiques en juin 2002. Ce qui permet désormais de répondre à l'exigence réglementaire avec des structures non protégées à condition qu'il y ait une mixité avec le plancher.

La réglementation concernant le feu extérieur

La réglementation actuelle sur l'utilisation de matériaux combustibles est basée sur l'attaque d'un feu extérieur, c'est-à-dire provenant de l'incendie d'un immeuble voisin.
L'article 15 de l'arrêté du 31 octobre 1986 relatif à l'habitation et les articles CO 16 à CO 18 de l'arrêté du 25 juin 1980 modifié des ERP définissent les exigences de protection de la couverture vis-à-vis d'un feu extérieur.
Si la distance avec le bâtiment voisin est inférieure à 12 mètres, en cas d'incendie important, la couverture des bâtiments contigus peut représenter l'un des premiers points susceptibles de s'enflammer et de communiquer le feu.

Afin d'empêcher la propagation par la couverture à l'immeuble voisin, plusieurs solutions peuvent être proposées quant au classement des matériaux utilisés (voir « La réaction au feu » page 34) :
- M0 : tuiles, bacs acier, etc. ;
- M1 à M3 posé sur support continu en matériau M0, bois ou matériau autorisé par le CECMI ;
- M1 à M3 non posé dans les conditions précédentes, ou M4 : la couverture doit alors présenter les caractéristiques minimales de classe et d'indice de propagation fixées dans le tableau de l'article CO 17 :
  - pour les ERP 1re catégorie et 2e, 3e et 4e catégorie comportant des locaux à sommeil : T 30 indice 1 pour une distance avec l'établissement voisin ou limite de parcelle voisine < 8 mètres et T 15 indice 1 pour une distance de 8 à 15 mètres,
  - pour les ERP de 2e, 3e et 4e catégorie ne comportant pas de locaux à sommeil : T 30 indice 2 pour une distance < 8 mètres et T 15 indice 2 pour une distance de 8 à 15 mètres,
  - les panneaux sandwich à parements acier, utilisés comme couverture, doivent répondre aux conditions des articles CO 16 à 18.

NB : la classe de couverture T indique le temps de passage du feu à travers l'élément par un brandon incandescent mis en place sur l'éprouvette :
- T 30 si le temps de passage est supérieur à une demi-heure ;
- T 15 si le temps de passage est supérieur à un quart d'heure ;
- T 5 si le temps de passage est compris entre 5 minutes et un quart d'heure.

Indice de propagation du feu en surface de la couverture :
- indice 1 lorsque le temps de propagation est supérieur à une demi-heure ;
- indice 2 lorsque le temps de propagation est compris entre 10 minutes et une demi-heure ;
- indice 3 lorsque le temps de propagation est inférieur à 10 minutes.

La réaction au feu

Les matériaux destinés à la construction doivent présenter une bonne résistance à l'inflammation. Ceci a principalement pour but d'éviter le développement rapide d'un incendie de nature à compromettre l'évacuation. Ils sont répartis en cinq catégories.

M0	Acier, pierre, plâtre, béton armé, zinc, etc.
M1	Bois ignifugé, plaques de plâtre cartonné, etc.
M2	Bois ignifugé, laine, etc.
M3	Bois (suivant épaisseur), feutre, etc.
M4	Bois, plastique, carton, etc.

Classement de réaction au feu (réglementation française en vigueur en 2002). Autrefois, il était formulé de la manière suivante : incombustible, non inflammable, difficilement inflammable, moyennement inflammable et facilement inflammable. À terme, les Euroclasses (A1, A2, B, C, D, E, F) remplaceront le classement M.

L'annexe 21 de l'arrêté « Réaction au feu » modifié donne la liste des matériaux classés *a priori* M0 sans essai (acier, béton, brique, plâtre, zinc, etc.).
La réglementation différencie les matériaux M0 des matériaux incombustibles :
– matériau incombustible : matériau traditionnel dont le pouvoir calorifique est nul (acier par exemple) ;
– M0 : matériau répondant aux exigences d'essai ci-après (acier laqué 55 microns par exemple).

Un matériau est classé M0 s'il répond aux conditions suivantes :
– pas d'inflammation effective à l'essai par rayonnement ou bien il répond aux conditions du classement M1 au brûleur électrique ;
– son pouvoir calorifique supérieur (PCS) est inférieur ou égal à 2,5 MJ/kg (600 Kcal/kg).

Cas spécifique des panneaux sandwich avec deux parements en acier

Exigences d'incendie

C'est la réaction au feu qui est le critère demandé pour ce type de panneaux. Les critères retenus vont de M0 à M4. L'essai est réalisé à l'épiradiateur, sur un échantillon ou éprouvette d'un panneau complet avec des parements en acier.

Évolutions de la réglementation

En termes de réglementation, on s'oriente vers l'application des Euroclasses basées sur de nouveaux essais de réaction au feu :
– un essai d'allumabilité des composants soumis à l'incidence directe de la flamme ;
– un essai SBI (*Single Burning Item*) sur un montage en angle de panneaux, le foyer étant à la base.

Performances au feu

En laboratoire, les panneaux sont classés M1 ou M2 suivant la nature de l'isolant. Pour les Euroclasses, les tests devraient être réalisés suivant les nouvelles normes (classement A1, A2, B, C, D, E et F).

Essais comparatifs

En Grande-Bretagne, l'association Engineered Panels in Construction (Epic) a procédé, avec le laboratoire choisi, à des essais comparatifs de panneaux de polyuréthane, polystyrène et laine de roche, sur une cellule en situation réelle.

Si les panneaux en laine de roche sont les plus performants au feu, les panneaux en mousse de polyuréthane ont montré un bon comportement avec non-propagation de la flamme dans l'isolant, pas de gouttes et une décomposition graduelle au-dessus de 300 °C (comme la laine de roche). Pour autant, les constructeurs membres du Syndicat national du profilage des produits plats en acier (SNPPA) ont entamé avec le Centre national de prévention et de protection (CNPP) toute une série d'essais visant à obtenir un agrément des sociétés d'assurances.

La réaction au feu et l'Europe

En octobre 2001, les instances européennes ont donné un avis favorable au système des « Euroclasses », qui harmonise le classement européen des matériaux face au risque incendie.
Par rapport à la classification actuelle, on distinguera deux catégories : les revêtements de sol (classement identifié par un indice Fl), et tous les autres produits.
Les nouvelles classes sont au nombre de sept :
– A1 et A2, produits très peu combustibles (viendront certainement en remplacement de la classe actuelle M0) ;
– B, contribution très limitée ;
– C, contribution limitée ;
– D, acceptable mais satisfait à l'essai SBI ;
– E, acceptable mais satisfait à la petite flamme ;
– F, aucun essai.
Les Euroclasses comportent des classifications additionnelles, relatives à la production de fumée et de particules, ou de gouttes enflammées.
Ces essais sont réalisés selon une méthodologie nouvelle – petite flamme, *Single Burning Item* (SBI) – différents de ceux qui sont exécutés actuellement avec l'épiradiateur (norme nationale). Suivant la classe recherchée, d'autres essais comme la bombe calorimétrique ou le four de non-combustibilité peuvent être faits. Quant à la fumée, elle sera mesurée en fonction de son opacité et non de sa toxicité.

Pour les produits de construction existants, ayant déjà fait l'objet d'essais de réaction au feu à l'épiradiateur et donnant des classements M0 à M4, il y aura lieu de transposer ces résultats en équivalent Euroclasse et des instructions ministérielles devront en définir les modalités. Après cette période de transition, les essais devront répondre aux exigences des Euroclasses.

Dispositions réglementaires appliquées à la réhabilitation

La réglementation actuelle s'applique essentiellement aux constructions neuves. La réhabilitation, en général, n'est pas soumise à une réglementation spécifique. Toutefois, les bâtiments d'habitation font l'objet d'une attention particulière. Les articles R. 111-1 et suivants du Code de la construction s'appliquent aux constructions nouvelles, « aux surélévations de bâtiments d'habitation anciens et aux additions de tels bâtiments ». Les travaux exécutés « dans le volume des bâtiments existants et qui ne sont pas couverts par les dispositions prévues par ces articles du Code de la construction et de l'habitation » font l'objet de recommandations publiées dans la circulaire du 13 décembre 1982 (*Journal officiel* du 28 janvier 1983).
Sont concernés :
– les travaux ayant pour objet la création de logements dans des bâtiments existants autres que d'habitation ;
– les travaux d'amélioration, de transformation ou de réhabilitation de bâtiments d'habitation lorsqu'ils impliquent la création, la modification ou le remplacement d'éléments de construction ou d'équipement.
Les travaux d'entretien et de réparation courante n'entrent pas dans ce champ.

Globalement, les travaux engagés ne doivent pas détériorer la sécurité à l'incendie de l'existant. Ils doivent être réalisés de manière à limiter la transmission du feu et des fumées d'un niveau à un autre, et à maintenir, sinon à améliorer, l'évacuation des personnes en cas de sinistre, tout en facilitant l'intervention des services de secours.
Les recommandations reprennent la classification du Code de la construction.

Dans le cas de la rénovation de bâtiments anciens, la détermination du degré de résistance au feu des planchers existants ne peut être qu'approximative et déduite par comparaison. Ainsi la Commission centrale de sécurité a-t-elle admis qu'un plancher en béton de 8 centimètres d'épaisseur au moins, chape non comprise, présente un degré coupe-feu d'une heure. Cependant, chaque fois que possible, on devra faire appel aux méthodes de calcul des normes DTU ou Eurocodes. Pour les planchers à bacs collaborants, l'exigence de coupe-feu une demi-heure est automatiquement acquise. Pour atteindre des coupe-feu jusqu'à deux heures, il suffit de rajouter suivant le calcul, des armatures dans l'onde du bac acier.

3 CONCEPTION GÉNÉRALE DES OSSATURES MÉTALLIQUES

Performances du matériau

Quand il est question d'assurer la sécurité vis-à-vis du risque d'incendie, l'acier est partout présent : extincteurs en coque d'acier, réseaux de sprinkleurs en tubes d'acier, conduits de ventilation et de désenfumage en tôles d'acier galvanisé, portes coupe-feu en acier avec isolation interne ou vitrages, cloisons et structures ; sans oublier bien entendu les camions de pompiers en carrosserie d'acier et les réseaux d'alimentation d'eau en tubes d'acier de grand diamètre !

Ce n'est pas un hasard si une industrie aussi exigeante en matière de sécurité incendie que la construction navale, tant civile que militaire, a choisi l'acier comme matériau privilégié pour assurer la sécurité des personnes à bord des navires. Il en est d'ailleurs de même pour l'industrie off-shore dans laquelle ces exigences et les conditions de sécurité au cours de l'exploitation d'une plate-forme sont particulièrement drastiques.

En effet, l'acier est un matériau :

– incombustible, c'est-à-dire qu'il ne participe en aucun cas à l'alimentation et au développement du feu et ne dégage aucune fumée, aucun produit toxique ;

– résistant – il existe une très large gamme de nuances et de qualités d'acier, y compris pour des utilisations à haute température avec des performances garanties ;

– ductile, puisqu'il possède une grande capacité de déformation avant rupture ; ainsi les aciers couramment utilisés dans les constructions ont-ils une capacité d'allongement à haute température de près de 20 % avant rupture non prise en compte dans les calculs et offrent donc une sécurité supplémentaire aux concepteurs et utilisateurs. Avec l'acier, pas de risque de rupture brutale !

– homogène, c'est-à-dire que les caractéristiques et les performances du matériau sont partout identiques. Cette performance se traduit en cas d'incendie par une absence totale de risque d'éclatement lors de l'échauffement comme lors du refroidissement ;

– dont la résistance varie, comme tous les matériaux, avec la température. Mais l'acier est le seul matériau structurel à retrouver, lors du refroidissement qui suit un incendie, ses capacités et performances d'origine. Avec l'acier, pas de risque d'effondrement lors du passage des services de secours ou des experts après un sinistre.

Performances des ossatures acier

Les outils de conception et de calcul mis à la disposition des concepteurs conduisent aujourd'hui à connaître, et donc à prévoir, le comportement au feu d'une structure métallique en cas d'incendie, y compris par la prise en compte d'un feu réel en lieu et place de l'incendie conventionnel normalisé par l'ISO.
Aucune industrie du domaine de la construction n'a autant investi que la filière acier pour connaître, améliorer en continu et maîtriser le comportement au feu des composants et systèmes de construction. Ainsi, un bâtiment de huit étages a été récemment construit à Cardington, en Grande-Bretagne, pour un programme d'expérimentation et de recherches conduit avec l'aide de la Communauté européenne du charbon et de l'acier (Ceca). Les recherches menées dans ce cadre ont démontré l'excellente capacité des structures en acier et mixtes sans protection au feu rapportée (flocage, plâtre...) à résister à un incendie dans un bâtiment à étages, si toutefois les poteaux sont protégés contre le feu. Elles ont aussi permis d'assurer la validation des méthodes de calcul les plus modernes.

Les structures métalliques, en particulier pour les bâtiments à étages, sont généralement conçues avec un fort degré d'hyperstaticité. Cette caractéristique intrinsèque a également démontré son efficacité lors des essais de Cardington. La ruine d'un poteau dans un compartiment en feu n'a pas entraîné la ruine de la structure, du fait d'une nouvelle répartition des efforts, l'acier ayant des qualités de résistance identiques en compression et en traction. Cette capacité est évidemment fondamentale pour assurer la sécurité des personnes et l'intervention des personnels de secours.

Les structures métalliques peuvent également être conçues, en particulier dans les bâtiments de grand volume de type halls, pour éviter l'effondrement en chaîne de la structure et pour s'affaisser vers l'intérieur dans le compartiment en feu. Il s'agit de concevoir les ossatures de telle sorte qu'un incendie dans un compartiment n'entraîne pas la ruine totale de l'ouvrage. Il s'agit là d'une exigence fondamentale que doit satisfaire tout bâtiment, quel que soit le matériau de construction concerné, afin d'assurer l'évacuation des personnes encore présentes dans le bâtiment et l'intervention efficace et en toute sécurité des services de secours. Le non-effondrement en chaîne de la structure, quelle qu'elle soit, contribue largement à assurer l'intégrité des éléments de compartimentage comme les murs coupe-feu.

Enfin, depuis plus de trente ans maintenant, les laboratoires français et étrangers testent l'ensemble des produits de protection des structures. Ceux-ci font l'objet de délivrances de procès-verbaux ; leurs caractéristiques sont ainsi reconnues et validées. De plus, le retour d'expérience, partout dans le monde, démontre que la performance de ces produits demeure valide dans le temps.

Les bases d'un calcul de vérification de la résistance au feu

Pour la vérification de la résistance au feu d'éléments isolés (poutre, poteau, contreventement), la démarche est la même que pour le dimensionnement à froid, en ajoutant uniquement la perte de résistance du matériau acier en fonction de sa température.
Le calcul supplémentaire concerne donc l'élévation de température des profilés métalliques, en fonction de la sollicitation thermique initiale (feu conventionnel ou feu naturel), de la massiveté de l'élément et de la protection éventuelle mise en œuvre. Bien entendu, ce calcul de température est plus ou moins complexe selon qu'on est en présence de structures en acier situées à l'intérieur d'un bâtiment, de structures mixtes (acier et béton) ou d'éléments de structure situés à l'extérieur du bâtiment. En outre, lors de la comparaison entre les sollicitations externes et la capacité de résistance d'une structure après une certaine durée d'incendie, les coefficients de pondération des charges sont réduits par rapport à ceux qui sont utilisés lors du dimensionnement à froid. En effet, la probabilité d'occurrence simultanée d'un incendie et de sollicitations extrêmes est très faible.

La démarche d'un calcul de vérification de la résistance au feu d'un élément peut être schématisée comme suit :

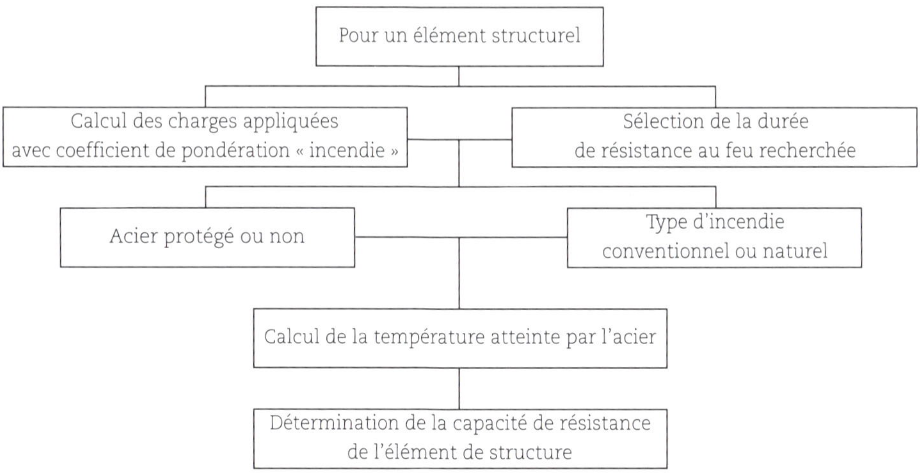

Si la capacité de résistance est supérieure aux sollicitations, l'élément de structure aura donc une durée de résistance au feu au moins égale à la durée recherchée. Dans le cas contraire, il faut soit augmenter la section de l'élément, soit augmenter sa protection, soit augmenter la résistance mécanique du matériau.

Les outils à la disposition des concepteurs

Aujourd'hui, le concepteur et le bureau d'études techniques d'un ouvrage de construction métallique disposent d'une panoplie complète d'outils pour concevoir et calculer un bâtiment vis-à-vis du risque d'incendie, comme d'ailleurs pour toutes les autres sollicitations.
Certains de ces outils sont particulièrement simples d'utilisation, en particulier pour la vérification de la tenue au feu des éléments d'ossature. D'autres, plus modernes, nécessitent le recours aux moyens informatiques et font référence aux connaissances les plus récentes en la matière.

Le choix des nuances d'acier et des produits

Les produits sidérurgiques à la disposition des concepteurs et entrepreneurs comprennent des gammes extrêmement larges de sections et profilés de toute nature. Il est de plus possible de fabriquer en atelier des poutrelles reconstituées répondant sur mesure aux résultats d'un calcul.
Il devient ainsi possible au concepteur de « jouer » sur le couple géométrie de la section et limite d'élasticité de l'acier afin de trouver le meilleur compromis technico-économique répondant aux exigences de la réglementation et assurer ainsi la résistance de son ouvrage, que celui-ci ait une protection rapportée ou pas.
En ce qui concerne les aciers de construction courants, quatre niveaux de limite d'élasticité garantie sont répertoriés dans les normes européennes :
- S235 pour 235 MPa de limite d'élasticité ;
- S275 pour 275 MPa de limite d'élasticité ;
- S355 pour 355 MPa de limite d'élasticité ;
- S460 pour 460 MPa de limite d'élasticité.

Ces différentes qualités peuvent être complétées par la nuance, en fonction de l'utilisation finale et des modes de mise en œuvre (exigences de soudabilité par exemple).
On utilise également, en particulier dans les ouvrages d'art, des aciers à haute limite d'élasticité (jusqu'à 900 MPa).

Les outils de calcul

Les concepteurs ont actuellement la possibilité d'utiliser plusieurs méthodes de vérification de la tenue au feu des ossatures métalliques ou mixtes, pour répondre aux exigences réglementaires.
Par ordre chronologique, ces méthodes sont :
- le DTU Feu-acier P 92-702, de 1982 ;
- le DTU Feu-poteaux mixtes P 92-704 de 1988 ;
- la méthode de calcul des structures extérieures, validée en 1990 (maintenant remplacée par les annexes correspondantes des Eurocodes 1-2.2 et 3-1.2), qui permet de vérifier la stabilité au feu d'éléments en acier nu ou partiellement protégé par déflecteurs situés devant des façades vitrées, en prenant en compte l'incendie naturel, la géométrie du local et des hypothèses simplificatrices sur les débuts de pyrolyse. Le calcul est fondé sur le principe selon lequel la température critique de l'élément ne doit pas être atteinte pendant toute la durée de l'incendie ;
- l'Eurocode 1 - Actions des structures exposées au feu du 10 janvier 2002 ;
- l'Eurocode 3 - partie « Feu » de 1994 (norme française expérimentale), pour les structures en acier ;
- l'Eurocode 4 - partie « Feu » de 1994 (norme française expérimentale), pour les structures mixtes acier-béton.

Dans les prochaines années, les Eurocodes deviendront les normes homologuées de calcul et de vérification des structures, pour tous les matériaux et toutes les structures de bâtiments. Il faut noter que les Eurocodes ajoutent le concept de feu « réel » ou « naturel » à celui d'incendie « conventionnel ». Il s'agit là d'une avancée majeure vers la conception et la vérification des ouvrages grâce à l'ingénierie de la sécurité incendie.

Abaques de calcul de la résistance au feu

A = élevé
V = faible
Échauffement rapide

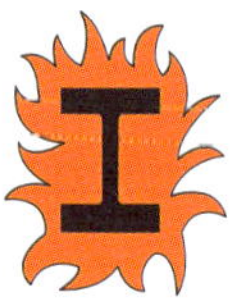

A = faible
V = élevé
Échauffement lent

Le facteur de massiveté Am/V exprime le rapport entre la surface exposée au flux thermique A[m^2] et le volume d'un élément par unité de longueur V[m^3]. Sa valeur influence très sensiblement le comportement au feu de l'élément de structure considéré.
Un élément présentant un quotient A/V [m^{-1}] de faible valeur subira un échauffement bien plus lent qu'un élément ayant un facteur de massiveté élevé. Il aura ainsi une résistance au feu plus grande.
Exemples : profilé IPE 100 exposé 4 faces A/V = 389
profilé IPE 500 exposé 4 faces A/V = 150.
Le facteur de massiveté concerne autant les profils nus que protégés. Cependant, il ne constitue pas le seul paramètre déterminant pour évaluer la résistance au feu ISO d'une pièce en acier nu, ou pour déterminer l'épaisseur de matériau de protection à lui appliquer afin de satisfaire l'exigence de stabilité au feu.
La température critique à laquelle survient la ruine d'un élément soumis à un échauffement uniforme dépend aussi et essentiellement de son facteur d'utilisation en situation d'incendie. Ce facteur exprime le rapport de la valeur de calcul des actions pour la combinaison accidentelle d'incendie à la valeur de calcul de la résistance à température ambiante, dans les mêmes conditions statiques que sous incendie. Un élément quelconque résiste d'autant plus longtemps au feu qu'il est moins chargé.
Il convient ensuite de considérer un coefficient d'adaptation. Celui-ci prend en compte une température non uniforme en section et sur la longueur des éléments. Sa valeur dépend aussi de l'hyperstaticité du système (facteur favorable) ou des problèmes d'instabilité qu'un élément peut rencontrer (facteur défavorable).
L'épaisseur de la protection à mettre en œuvre dépend des caractéristiques thermiques du matériau utilisé.

Nomogramme

Les paramètres de résistance au feu de l'acier tels que le facteur d'utilisation (μ_0), le coefficient d'adaptation (κ), la température critique, le facteur de massiveté, l'épaisseur de la protection, la conductivité thermique et la chaleur massique du produit, ainsi que le temps de résistance au feu ISO, ont été mis en relation sous la forme d'un nomogramme (ci-dessous). Son utilisation est explicitée dans le dépliant n° 89 disponible auprès de la CECM (voir « Adresses utiles » page 79).

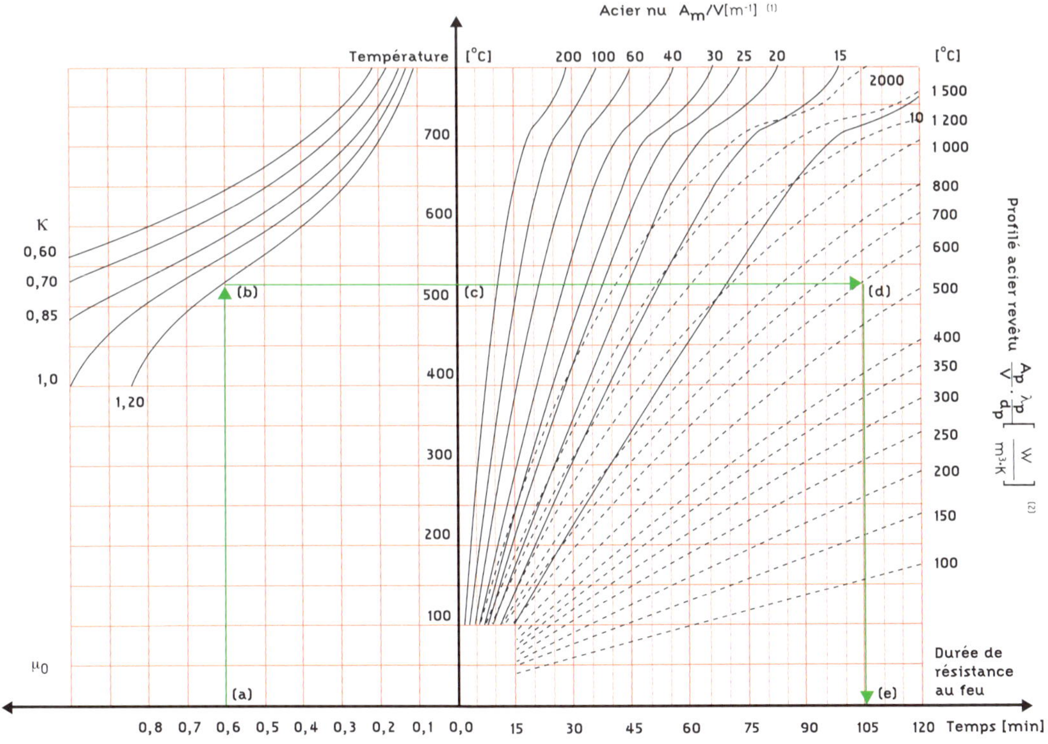

Prenons l'exemple d'un poteau HEA 300 protégé par plaques en fibres-silicates de calcium (suivre flèche verte).
On a calculé un μ_0 à 0,6 (a) et, considérant qu'il est chauffé sur quatre côtés, un K de 1,2 (b) : la température critique est alors de 535 °C (c). Connaissant la section du profil et ses conditions d'utilisation (chauffé sur quatre côtés), on trouve un facteur de massiveté acier nu de 104 m^{-1}. L'épaisseur et les caractéristiques d'isolation donnent un facteur de massiveté thermique de 600 $W/m^3 \cdot K$ (d). En se reportant sur la ligne des abscisses, on obtient une durée de résistance au feu de 105 minutes (d).

(1) Facteur de massiveté.
(2) Facteur de massiveté thermique modifié par les caractéristiques du produit de protection.

L'ingénierie incendie

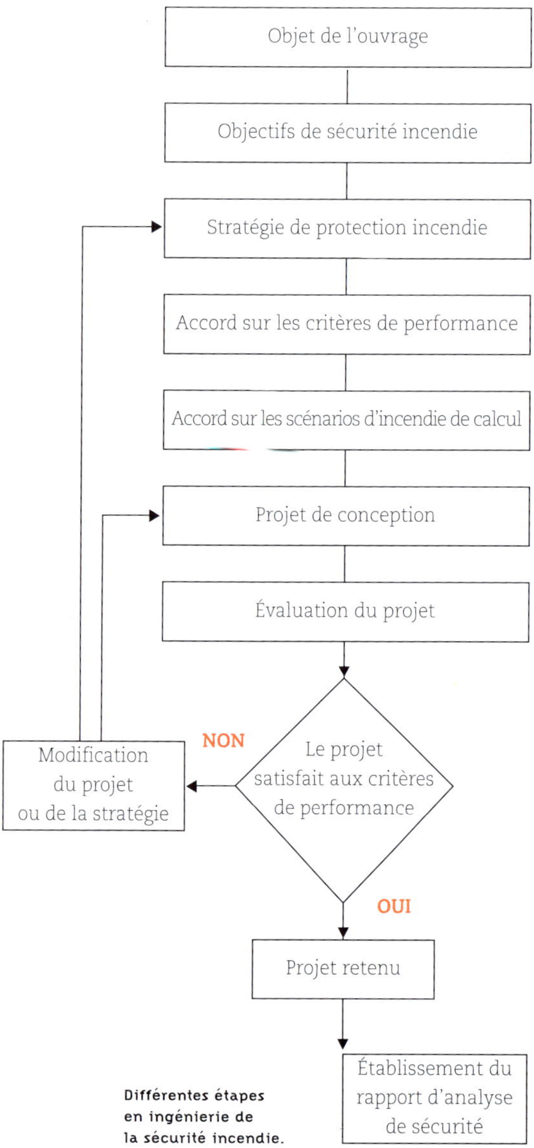

Différentes étapes en ingénierie de la sécurité incendie.

Aujourd'hui, le risque incendie est pris en compte dans le cadre d'une réglementation descriptive fondée sur une obligation de moyens. Demain, la réglementation, fondée sur une obligation de résultat, laissera une plus grande liberté de conception. D'ores et déjà, d'après les termes de l'arrêté du 3 août 1999, il est possible de faire appel aux calculs avancés de stabilité de structure à réaliser par des bureaux d'études qualifiés, moyennant des hypothèses de scénario incendie validées par l'autorité locale compétente. Cette procédure sera validée par un avis de chantier (voir « Annexe 1 » page 85).

L'intérêt de la démarche d'ingénierie incendie réside dans la possibilité d'une conception globale, par rapport à la réglementation actuelle fondée sur la résistance au feu d'éléments isolés, adaptée aux risques réellement encourus, compte tenu d'objectifs et de critères parfaitement définis. L'ingénierie incendie inclut la compréhension du développement du feu et des fumées, la sauvegarde des personnes en tenant compte des alarmes et de la détection, les performances du bâtiment face à un incendie compte tenu des systèmes de protection active, désenfumage, compartimentage et sprinklage.

Ainsi, l'ingénierie incendie respecte quelques grands principes fondés sur :

– une réponse aux objectifs de sécurité définis par le maître d'ouvrage ou le législateur ;

– une approche réaliste du risque incendie, fondée sur des scénarios d'incendie ;

– une conception propre à prévenir le feu ou à en retarder le développement, à protéger les occupants de ses effets, à minimiser les impacts du feu et à faciliter les opérations de secours.

Les Eurocodes contiennent déjà les principes des méthodes de calcul avancé permettant de dimensionner les structures de bâtiments dans le cadre de cette démarche.

Validation par l'essai d'un calcul d'ingénierie incendie

Malgré la capacité d'analyse et la puissance des outils de vérification par le calcul, certains projets de construction, aux dispositions constructives complexes, nécessitent pour leur vérification un, voire plusieurs essais en laboratoire.
Les laboratoires français agréés pour les essais de résistance au feu, au premier rang desquels le CTICM, qui dispose de moyens expérimentaux uniques, sont à même de réaliser de tels essais.
Au cours des années passées ont été ainsi expérimentées et validées les solutions mises en œuvre pour la tour Euralille (architecte Claude Vasconi), en ce qui concerne les suspentes extérieures, pour les structures extérieures du Centre Georges-Pompidou, ou pour celles du campus de Jussieu (Paris) afin de dimensionner l'épaisseur de protection (peinture intumescente) à mettre en œuvre.

Vérification par l'essai

Les essais relatifs au comportement au feu des structures en acier peuvent être répartis en trois groupes.

Le premier groupe comprend les essais de caractérisation des produits et systèmes de protection destinés à réduire la vitesse d'échauffement des sections d'acier soumises à l'incendie. Il existe deux modes de protection :
– par matériaux rapportés tels que produits projetés, plaques, peinture, etc. ;
– par plafonds suspendus, conformément à l'annexe II de l'arrêté du 3 août 1999.
Le résultat de ces essais est exprimé en termes d'évolution de température dans le plénum, et doit être comparé avec la température critique du profil.

Le deuxième groupe comprend les essais d'éléments de structure. Lorsque l'élément de structure avec son éventuelle protection thermique est tel qu'il n'entre pas dans le champ d'application du DTU Feu-acier ou Eurocode ENV 1993 parties 1-2, il est nécessaire d'effectuer un essai complet. Le résultat prend la forme d'un classement de résistance au feu valable pour l'élément testé, avec des extensions possibles, dans le sens de la sécurité, pour certains paramètres.

Le troisième groupe comprend les essais des éléments de compartimentage devant jouer un rôle pare-flammes ou coupe-feu. Dans ce cas, l'ossature acier sert de support à des parements tels que plaques de plâtre ou vitrages résistant au feu. La structure métallique ne doit plus être évaluée uniquement en fonction de sa capacité portante. Il faut également vérifier que sa déformation est compatible avec celle des parements supportés.

4 SOLUTIONS CONSTRUCTIVES ACIER

Les structures

Indépendamment de la présence d'une protection rapportée, toute structure possède une certaine résistance propre face à un incendie déterminé, qu'il s'agisse d'un feu réel ou d'un feu conventionnel. Cette résistance intrinsèque peut être suffisante lorsque les effets de l'incendie sont réduits par d'autres paramètres comme une ventilation importante (parcs de stationnement ouverts), une charge combustible faible, ou lorsque l'exigence de résistance à un feu normalisé ISO est d'une demi-heure, voire une heure.

Définitions

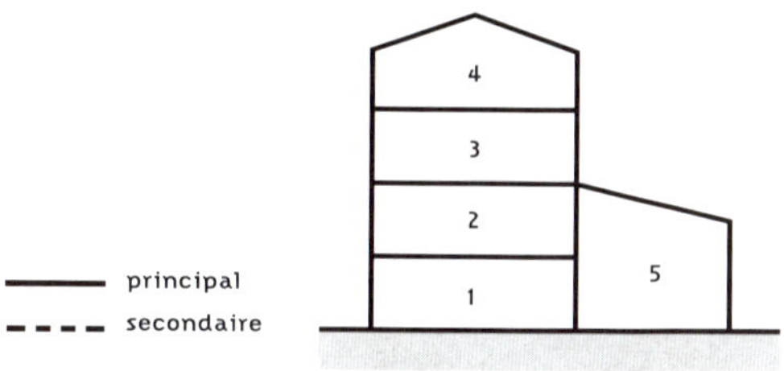

La structure annexe (5) participe à la stabilité de l'ouvrage, c'est un élément de structure principal.

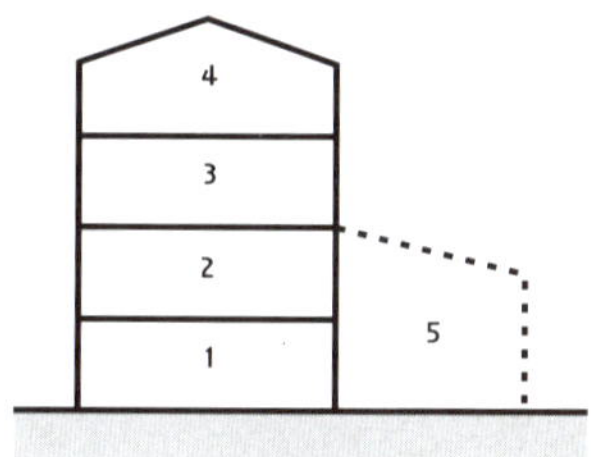

La structure annexe (5) ne participe pas à la stabilité de l'ouvrage, c'est un élément de structure secondaire.

Un élément de structure est dit « principal » lorsque sa ruine a une incidence sur la stabilité de l'ouvrage. Un élément de structure est dit « secondaire » lorsque sa ruine n'a pas d'incidence sur la stabilité du reste de l'ouvrage.

Ossature intérieure sans protection rapportée

L'absence de protection au feu présente l'avantage de réduire les coûts et les temps de construction, et libère les possibilités d'expression architecturale.
Le tableau ci-dessous présente les différents cas de figure où une protection rapportée de la structure métallique n'est pas requise. Au-delà, des analyses du comportement des structures sont nécessaires.

Types de bâtiments	*Applications*	*Exigences de stabilité*
ERP 5e catégorie	Tous bâtiments si plancher haut ≤ 8 m	Aucune
ERP toutes catégories	Salles de sport ou de spectacle, gares, etc. si la structure du dernier niveau est visible du sol ou protégée par détection	Aucune
Agricoles	Tous types de bâtiments d'élevage, serres	Aucune
Industriels	Tous types de locaux d'activités relevant du Code du travail	Aucune
Immeubles de bureaux	Tous types si plancher haut ≤ 8 m	Aucune
Entrepôts	Tous types d'entrepôts hors installations classées ou si classés avec une hauteur sous ferme ≤ 10 m	Aucune
Habitations 4e famille	Stabilité au feu 1/4 h assurée par l'acier non protégé	1/4 h
Tous types de bâtiments	Possibilité de répondre à l'exigence de stabilité au feu 1/2 h sans protection rapportée sur la structure ; il est alors nécessaire de faire appel à des calculs de résistance à chaud	1/2 h

ERP toutes catégories

Une structure ne se déforme qu'à des températures de l'ordre de 500-600 °C (1 000 °C au sol). Les occupants doivent avoir évacué les lieux avant que la température n'atteigne 80 à 100 °C. Aucune exigence de stabilité n'est donc à prévoir pour les éléments principaux de toiture si simultanément (art. CO 13 de l'arrêté du 25 juin 1980) :

- l'ERP occupe le dernier niveau d'un bâtiment ou est à simple rez-de-chaussée ;
- la toiture n'est pas accessible au public ;
- la ruine de la toiture ne risque pas de provoquer d'effondrements en chaîne ;
- les éléments de toiture sont réalisés en matériaux incombustibles ;
- la structure de la toiture est visible du plancher du dernier niveau ou surveillée par un système de détection automatique, ou protégée par un réseau de sprinkleurs, ou écran coupe-feu une demi-heure.

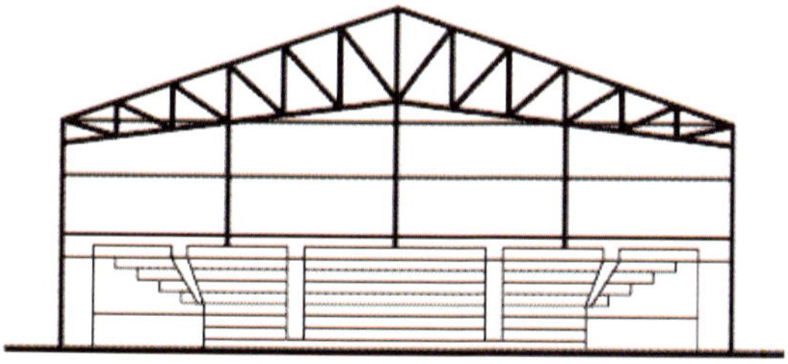

Salle de sport à ossature acier visible. Cas typique où aucune exigence de stabilité n'est à prévoir.

Parkings aériens ouverts

En France, on exige une résistance au feu ISO d'une demi-heure à une heure et demie pour les parkings aériens ouverts. Il est toutefois possible de justifier du degré de stabilité requis en appliquant les méthodes de calcul avancé prévues dans les Eurocodes. Les planchers séparatifs doivent être coupe-feu une heure et demie. En revanche, si le plancher est un élément secondaire, il sera coupe-feu seulement une heure.
Le CECMI a validé en avril 2000 une méthode de calcul permettant de justifier la résistance de structures en acier non protégé. Les scénarios types d'incendie doivent être définis en accord avec les autorités locales. Après calcul, un avis de chantier par un laboratoire agréé peut être délivré. Cette solution permet en l'état actuel de réaliser des parkings aériens en structure acier mixte, sans protection.
Dans de nombreux pays comme l'Allemagne, la Belgique, le Luxembourg, la Grande-Bretagne ou les États-Unis, la réalisation de parkings ouverts à structure en acier non protégé est autorisée.
L'Ineris a validé en octobre 2001, pour les parkings soumis à installation classée, des scénarios de feux de voitures. Ces scénarios peuvent être utilisés dans les calculs au feu autorisés par l'arrêté du 3 août 1999.

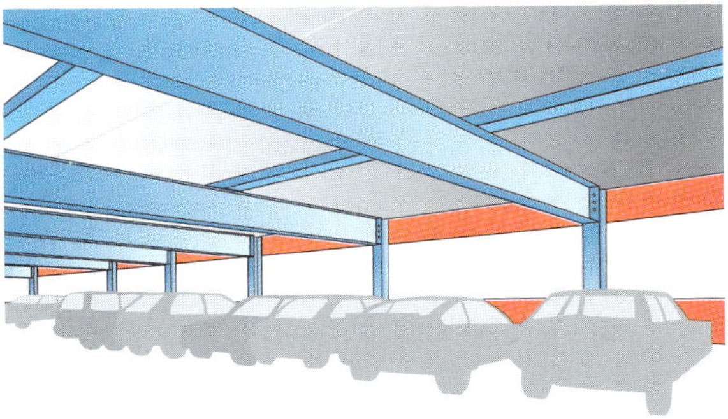

Ossature extérieure sans protection rapportée

L'ossature extérieure sans protection rapportée concerne tous les types d'établissements, quels que soient leur classement et la durée de stabilité au feu requise (bâtiments à étages, halls, salles de spectacle...). La façade formera écran contre les attaques d'un feu se développant à l'intérieur du bâtiment et protégera les structures positionnées hors des zones d'ouverture, portes ou fenêtres. En face d'ouvertures, les poteaux situés à une distance suffisante ne seront généralement pas affectés par l'incendie.
Il est possible de placer sur la face interne de la façade un élément coupe-feu au droit de la structure, d'un degré coupe-feu équivalent à l'exigence demandée pour la structure. En l'absence de barrière coupe-feu, il est possible de calculer la stabilité de la structure extérieure à l'aide de la méthode de calcul de l'Eurocode 3 (partie « Feu »).
Les points particuliers tels que les assemblages poteaux-poutres trop proches de la façade peuvent, si les calculs l'exigent, faire l'objet d'une protection rapportée (peinture intumescente par exemple).

Pour un immeuble à étages, la position des poteaux par rapport à la façade est déterminante. Si le poteau est très proche, il y a lieu de prévoir un élément de façade coupe-feu suffisamment large pour que les flammes qui s'échappent des parois vitrées n'atteignent pas le poteau. En outre, le poteau doit se situer dans un angle à 45° par rapport aux fenêtres. Si le poteau se trouve devant une paroi vitrée, il faut l'éloigner suffisamment pour qu'en cas d'incendie la température critique ne soit jamais atteinte.

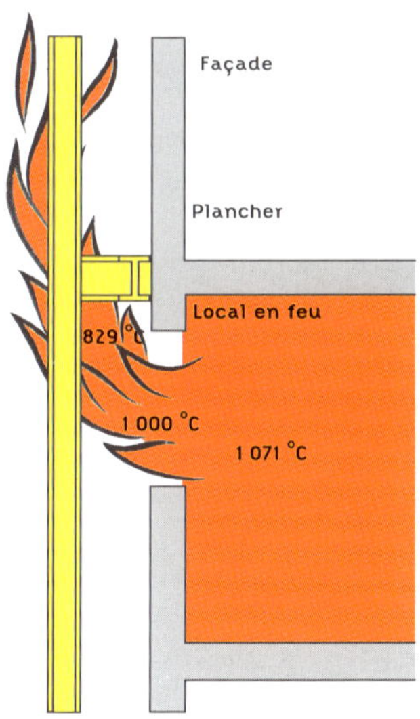

Méthode de calcul des structures extérieures dans l'Eurocode 3.

Ossature avec protection rapportée

Utilisation	*Type de protection*
Tous types de bâtiments, quelle que soit l'exigence de stabilité	– Peinture intumescente – Protection par écran – Produits en plaques (plâtre, laine de roche, vermiculite, etc.) – Produits projetés

Il existe principalement quatre types de protection pour les structures en acier. L'épaisseur à mettre en œuvre dépend du facteur de massiveté de l'acier et de la température critique calculée ou forfaitaire. Chaque fabricant de produits de protection ayant fait des essais dispose de tableaux ou d'abaques définissant les épaisseurs à mettre en œuvre.

Peintures intumescentes

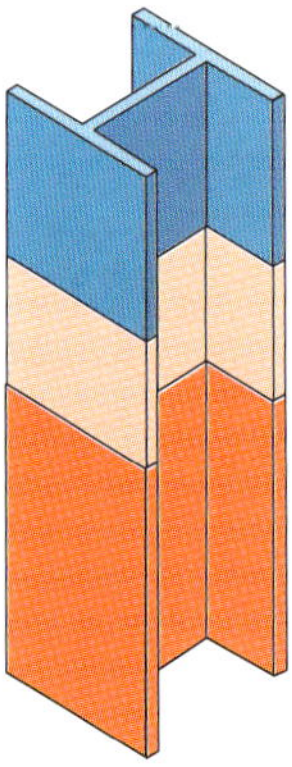

S'agissant des structures visibles (intérieures comme extérieures), il est possible d'appliquer une protection à l'aide d'une peinture intumescente. Sous l'effet du feu, ces peintures gonflent et constituent une isolation contre les effets du feu. Elles permettent à la construction de supporter ses charges durant toute la période de résistance au feu exigée. L'épaisseur de peinture dépend du facteur de massiveté, de la résistance au feu requise et de la température critique. Elles s'appliquent rapidement et facilement et autorisent le traitement de détails constructifs complexes.

En général garanties cinq ans, ces peintures durent en fait beaucoup plus longtemps. La question de l'intégration à la garantie décennale a été évoquée en 1980 à la Commission centrale de sécurité : « en l'état des connaissances du vieillissement des peintures, et sous réserve qu'il n'y ait pas d'humidité, il n'y a aucune raison de refaire les peintures au bout de cinq ans ». Les expériences montrent (par exemple pour le stade olympique de Munich, construit en 1972) que la couche intumescente, si elle n'est pas dégradée par des chocs ou autres, n'a pas à être renouvelée. Seule la couche de finition peut être refaite.

Certains producteurs ont développé des systèmes spécifiques aux structures extérieures permettant d'obtenir des résistances au feu jusqu'à une heure et demie, voire deux heures. Contrairement à la plupart des autres systèmes de protection, ces peintures n'apportent pas d'augmentation notable des dimensions extérieures de la structure.

Protection par écran

Un élément de structure métallique protégé par d'autres éléments du bâtiment voit sa résistance au feu augmentée de façon sensible. Plusieurs choix constructifs s'offrent au concepteur :

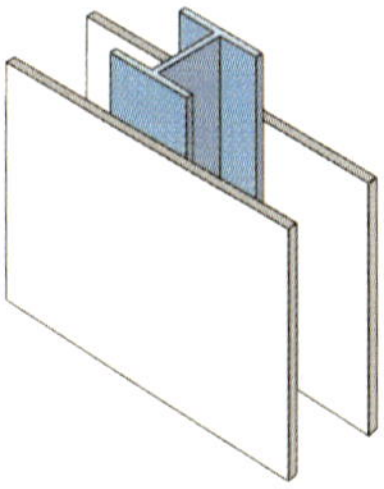

– les poteaux intégrés dans des cloisons. Ils sont intégrés dans les parois légères, ou entre deux murs. Selon la nature et l'épaisseur des matériaux des parois, la protection des poteaux peut être suffisante. Cette solution est souvent utilisée avec une cloison en plaques de plâtre qui assure en même temps une fonction phonique ;

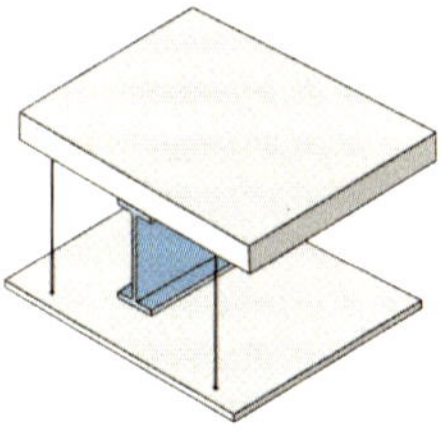

– les plafonds suspendus résistant au feu. De nombreuses constructions comportent des plafonds suspendus. Le plénum (espace entre plafond et plancher) est utilisé comme gaine technique. En fonction des performances incendie des éléments du plafond, il est possible d'y inclure les structures à protéger. La température dans le plénum, au terme de l'exigence de stabilité requise (une demi-heure, une heure...) ne doit pas atteindre la température critique de l'acier (500 °C) ;

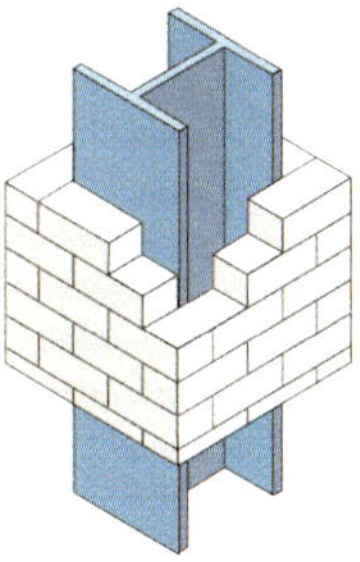

– les poteaux intégrés à la maçonnerie. Ils sont protégés des attaques du feu et exigent rarement une protection supplémentaire. Cela vaut également pour les poteaux intégrés aux trumeaux de fenêtres ;

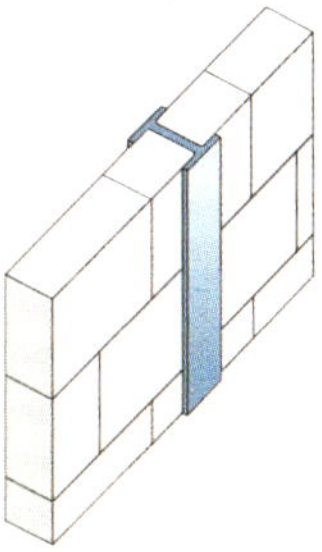

– les poteaux partiellement protégés par de la maçonnerie. Lorsque seul l'espace formé par les ailes et l'âme du profil est garni de briques ou de maçonnerie, le poteau aura une résistance au feu d'une demi-heure.

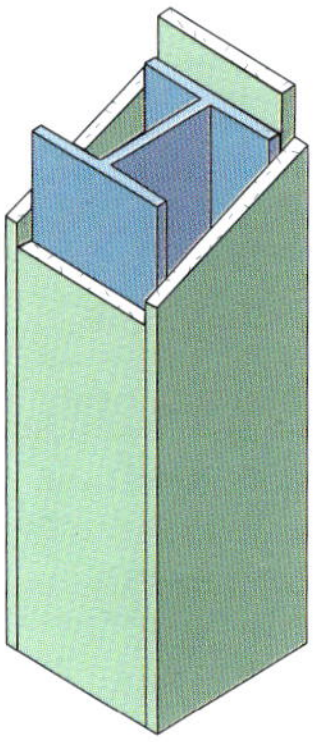

Produits en plaques

La protection à l'aide de produits en plaques s'applique aux poteaux et poutres. Les plaques de faible densité sont le plus souvent utilisées pour des poutres non visibles. Certains produits peuvent être utilisés à l'extérieur.
Les plaques ont une épaisseur garantie. Elles isolent thermiquement la structure des effets du feu, permettant à celle-ci de supporter ses charges pendant la durée requise. Deux types de produits peuvent être utilisés, de faible densité (≤ 180 kg/m^3) à base de fibres minérales, ou de forte densité (450 à 1 000 kg/m^3) à base de plâtre, vermiculite ou silicate de calcium, tous exempts d'amiante. La fixation se fait à l'aide d'agrafes, de clous, de vis ou de colles spéciales. L'épaisseur des plaques dépend de la résistance au feu exigée, du facteur de massiveté et de la température critique.
Les avantages de cette solution sont de rester dans une logique de filière sèche, les fixations sont simples et la mise en œuvre n'entrave pas les autres corps de métier. La plaque de plâtre est la plus couramment utilisée.

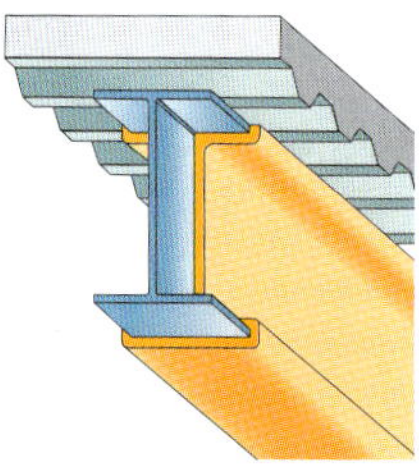

Produits projetés

Le procédé est peu onéreux, d'une mise en œuvre rapide, et il se prête à la protection de détails constructifs complexes. Il peut toutefois générer poussières et salissures lors de la projection et exiger l'isolement des parties d'ouvrage voisines. Pour être efficace, il demande un contrôle de l'épaisseur de la couche.
Le matériau projeté isole thermiquement l'acier des effets du feu, évitant ainsi que la température critique ne soit dépassée durant le temps de résistance requis. On utilise deux types de produits : soit des produits de faible densité (< 250 kg/m^3) constitués de fibres minérales, soit des produits pâteux de forte densité (> 450 kg/m^3) constitués de vermiculite, ciment, plâtre, etc., tous exempts d'amiante. L'épaisseur à projeter dépend du facteur de massiveté, de la résistance au feu requise et de la température critique.
Dans les cas courants où une ossature intérieure n'est pas exposée à une humidité trop importante, il est possible de projeter le produit sur un acier non traité contre la corrosion. Le produit doit toutefois avoir été testé dans ces conditions en laboratoire. Cette pratique est courante dans les pays anglo-saxons, aux États-Unis ou en Grande-Bretagne, depuis plusieurs décennies. Elle est dorénavant de plus en plus utilisée en France.

Systèmes à ossature intégrée

Des poutres métalliques mixtes, collaborant en flexion avec la dalle en béton, atteignent assez facilement une résistance d'une demi-heure au feu ISO.

Les éléments contribuant à améliorer la tenue au feu d'une telle structure sont en particulier :

- un facteur de massiveté faible, traduisant en réalité une épaisseur moyenne élevée des éléments de la structure ;
- un degré d'hyperstaticité élevé de la structure, autorisant des redistributions d'efforts internes avant l'apparition d'un mécanisme de ruine ;
- un niveau de chargement réduit pour un calcul à chaud : le vent, la neige, les équipements (ponts roulants) et les surcharges d'exploitation ne sont pas pris en compte avec leur intensité maximale ;
- la nature et le nombre de connecteurs.

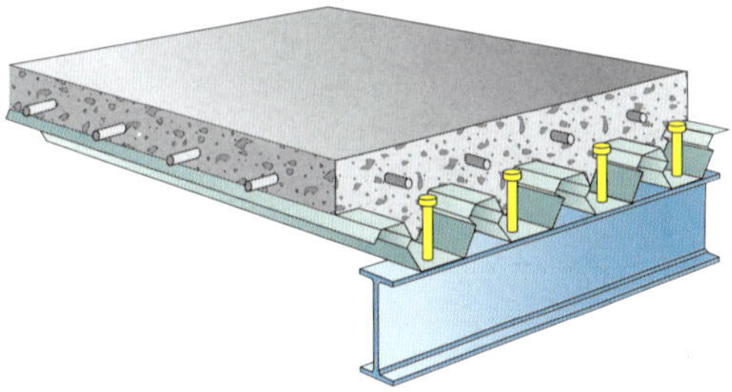

Pour atteindre la prescription de résistance au feu requise, la dalle et les poutres métalliques doivent être collaborantes, propriété obtenue grâce aux goujons spécifiques au droit de chacune des poutres.

Les ossatures mixtes acier-béton (enrobées totalement ou partiellement)

Les ossatures mixtes sont constituées de poteaux ou de poutres en profilés H remplis de béton armé entre les ailes avant montage, de poteaux métalliques complètement enrobés de béton, ou encore de tubes métalliques remplis de béton, armé ou non. Les profilés en H partiellement ou complètement enrobés de béton constituent des sections mixtes résistant aux impacts et aux détériorations mécaniques, présentant une excellente résistance aux sollicitations sismiques et une résistance au feu élevée.
Le béton n'est alors pas uniquement considéré comme élément de protection. On doit faire collaborer, en calcul à froid comme à chaud, les deux matériaux. Cette solution permet de diminuer de façon significative la section des poteaux.
Les poutres et poteaux en H ou I et les tubes remplis de béton peuvent conduire à des stabilités au feu de deux heures ou plus.

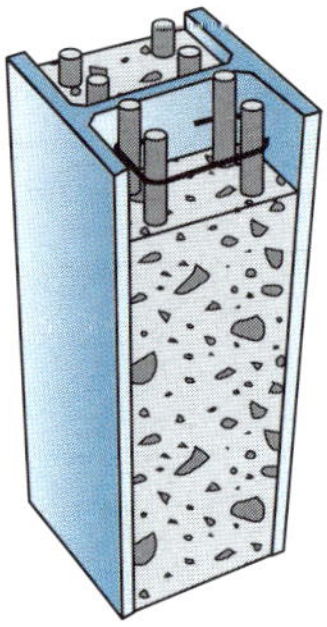

Profilés en H remplis de béton

Les profilés en H remplis de béton forment un système robuste qui permet d'obtenir une résistance au feu élevée. Le bétonnage peut se faire en usine ou sur le chantier.

Profilés en H enrobés

Les structures enrobées ne nécessitent pas de traitement anti-feu. Toutefois, l'enrobage en béton augmente le poids mort. Les assemblages doivent être conçus de façon à permettre un enrobage complet des éléments métalliques par le béton. Cette solution est utilisée principalement pour les immeubles de grande hauteur.
Les sections peuvent être dimensionnées à froid comme sections mixtes reprenant des charges supérieures à celles de l'acier grâce au béton. Le béton peut également être considéré comme protection de l'acier contre le feu, sans action mixte.
Les sections sont totalement ou partiellement enrobées, cette dernière solution permettant de laisser les ailes des profilés apparentes. Pour les sections totalement enrobées, une faible armature supplémentaire minimale est nécessaire afin d'éviter l'éclatement du béton.

Quelques valeurs relatives aux sections minimales, tirées de l'Eurocode 4, sont données ci-dessous pour différentes classes de résistance au feu et pour deux taux de chargement, faible et important. De ce fait, deux valeurs de section minimale sont données pour chaque classe de résistance au feu.
Pour les poteaux totalement enrobés, seules les dimensions minimales et l'épaisseur de l'enrobage de béton sont indiquées.
Quand le béton est utilisé comme protection de l'acier, sans action mixte, l'épaisseur d'enrobage est donnée pour les poteaux et poutres.
L'utilisation de méthodes de calcul plus élaborées permet souvent d'améliorer ces classements.

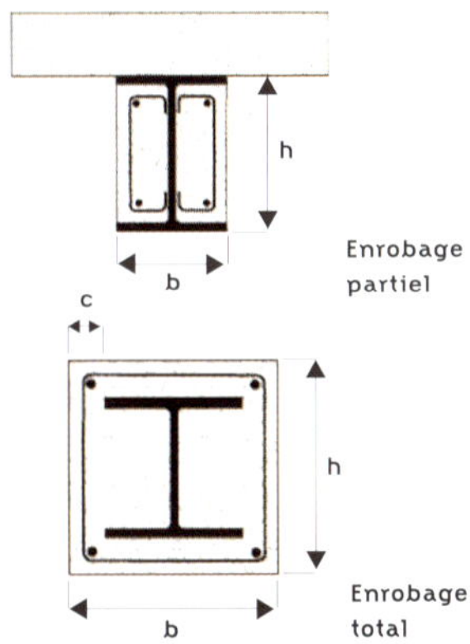

Résistance au feu			*1/2 h*	*1 h*	*1 h 1/2*	*2 h*
Enrobage partiel – largeur minimale [b] de l'aile en mm						
Poutres	h/b = 1 (HE)	Faible taux de chargement	80	170	250	
		Taux important de chargement	80	270	300	
	h/b ≥ 2 (IPE)	Faible taux de chargement	70	120	180	220
		Taux important de chargement	70	190	210	270
Poteaux	h/b = 1	Faible taux de chargement	200	300	300	
		Taux important de chargement	250	300		
Enrobage total – dimensions minimales [h ou b en mm], enrobage de béton [c en mm]						
Poteaux	h ou b minimum		150	180	220	300
Poteaux et poutres sans action mixte	c, épaisseur d'enrobage		0	25	30	40

Dimensions minimales des profilés remplis de béton en fonction du taux de chargement et de la résistance au feu requise (selon l'Eurocode 4, partie 1-2).

Poteaux mixtes acier-béton en profils creux

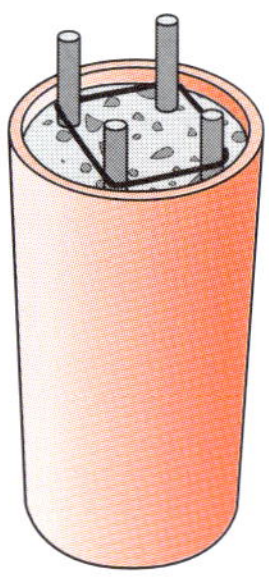

La mixité conduit à diminuer les sections lors du calcul à froid par rapport à une structure acier ou béton seul. Les sections non armées ont une dimension minimale de 140 millimètres et une résistance au feu d'une demi-heure.
Des trous d'évents sont impératifs à chaque étage, afin de permettre à la vapeur d'eau contenue dans le béton et produite sous l'effet de la chaleur de s'échapper.

La résistance au feu des profils creux est notablement augmentée du fait de leur remplissage par du béton. Lors d'une élévation de température, la résistance de l'acier diminue et les charges sont progressivement transmises au noyau de béton. Tout éclatement du béton est empêché par les parois du profil creux. La mise en place d'armatures longitudinales augmente la résistance à froid à la flexion et aux efforts normaux tout en améliorant la résistance au feu. Des tables de dimensionnement sont disponibles pour un large éventail de sections. Au cas où la résistance au feu inhérente ne suffirait pas, une protection extérieure peut être appliquée.

Résistance au feu		*1/2 h*	*1 h*	*1h 1/2*	*2 h*
Poteaux armés selon EC 4 : partie 1-2 *Dimensions minimales h, b ou d en mm*		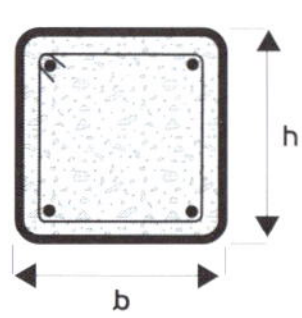		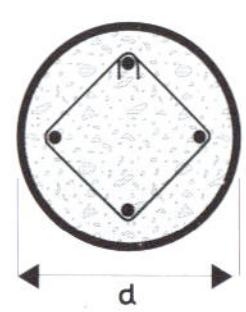	
Poteaux	Faible taux de chargement	160	200	220	260
	Taux important de chargement	260	450	550	

Dimensions minimales des profils creux remplis de béton en fonction du taux de chargement et de la résistance au feu requise (selon l'Eurocode 4, partie 1-2).

Les planchers

Les dalles collaborantes

Les dalles mixtes sont constituées de béton et de tôles d'acier nervurées. Les tôles profilées ont un rôle d'armature et de coffrage, autorisant une mise en œuvre rapide et économique. La face inférieure des tôles nervurées ne nécessite généralement aucune protection. Certains fabricants proposent des bacs acier prélaqués.
Les dalles mixtes ont un degré coupe-feu d'une demi-heure sans protection particulière (décision du CECMI du 16 avril 1986, validée par l'Eurocode 4, partie 1-2). Une résistance supérieure peut être obtenue aisément par l'ajout de barres d'acier enrobées dans les nervures (très économique). Il en sera de même pour les dalles coulées avec un bac acier utilisé en coffrage perdu. Lorsqu'elles ne sont pas étayées en phase de coulage, elles comportent certaines limitations quant à leur portée. Une alternative est possible par protection projetée en sous-face du bac acier ou par adjonction d'un faux plafond coupe-feu du degré requis. C'est particulièrement valable économiquement pour des degrés coupe-feu de deux heures et plus. En cas d'incendie important, le bac acier retient les éclatements du béton.

Dalles avec plafond coupe-feu

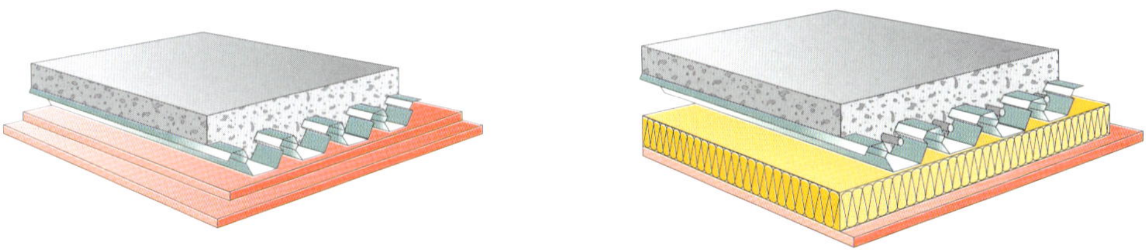

Dalle avec armature feu

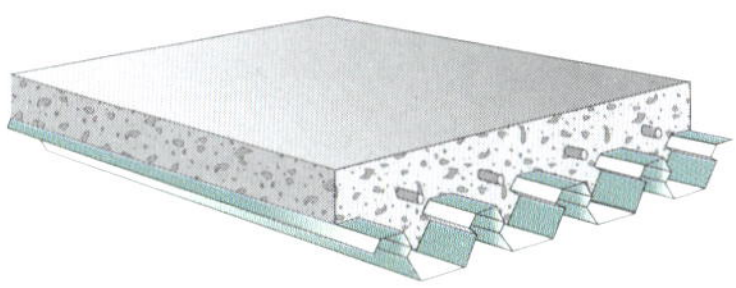

Armatures dans l'onde pour coupe-feu jusqu'à 2 heures

Degré coupe-feu	*Dispositions particulières*	*Textes de référence*
1/2 h	Aucune	Avis technique (reprenant la décision du CECMI du 16 avril 1986)
1 h à 1 h 1/2	Armature dans la dalle, épaisseur minimale de béton de 10 cm ou Plafond plaques de plâtre BA 15 Feu et plénum 10 cm minimum	DTU « Feu-béton » ou EC 4 partie 1-2 Procès-verbal d'essais CTICM 90UO15
2 h	Épaisseur de béton et armature suivant calcul ou Plafond deux plaques de plâtre BA 15 Feu plénum de 10 cm et dalle de béton de 10 cm au moins	DTU « Feu-béton » ou EC 4 Estimation Plâtres Lafarge

Solutions techniques en fonction des exigences pour les dalles collaborantes.

Dimensionnement des dalles mixtes

Toute dalle mixte présente une résistance au feu d'au moins une demi-heure. Pour des résistances supérieures, les armatures utilisées pour le dimensionnement à froid améliorent le moment résistant en travée et sur appui en cas d'incendie. Les sections d'armatures nécessaires pour garantir une résistance requise dépendent de nombreux facteurs tels que la portée et les charges appliquées.
Le tableau s'applique aux bâtiments administratifs avec une surcharge de 250 kg/m².

Résistance au feu	*Portée maximale non étayée [m]*	*Épaisseur de dalle minimale [mm]*		*Taux d'armatures requis approximatifs [mm²/m]*
		Sections trapézoïdales	*Sections à queue d'aronde*	
1/2 h	Selon exigences à froid			
1 h	3,0	130	120	200
	3,6	130	125	300
1 h 1/2	3,0	140	130	200
	3,6	140	135	300
2 h	3,0	155	140	300
	3,6	155	145	375

Source : Fiche d'information relative au dimensionnement au feu, n° 82, CECM.

Ces données sont valables pour un béton normal de 2 300 kg/m³. En cas d'utilisation de béton léger (1 900 kg/m³), l'épaisseur de dalle peut être réduite de 10 millimètres.

Les épaisseurs sont données pour des hauteurs de nervures ne dépassant pas 60 millimètres.

Planchers à poutre intégrée

Il est possible de noyer la poutre métallique dans la dalle de plancher. L'aile inférieure des profilés en acier sert de support à des dalles préfabriquées en béton armé ou à des tôles nervurées de grande hauteur. Cette solution offre l'avantage de présenter des surfaces de plafond libres de toute retombée de poutre.
La dalle entre deux poutres est constituée :
– de béton coulé sur des prédalles, ou sur des bacs en acier, éventuellement de grande hauteur ;
– de dalles alvéolées en béton précontraint recouvertes par une chape mince armée de béton coulé sur site. Grâce à une connexion efficace, le béton additionnel peut participer à la résistance en flexion de la poutre.
Dans un tel système, la poutre métallique ne présente que son aile inférieure à l'influence directe des flammes. Il est donc facile de protéger cette surface. Jusqu'à une exigence de moins d'une heure, on peut parfois laisser cette aile sans protection, moyennant des mesures adéquates, telles que la création de continuités au droit des appuis et l'ajout d'armatures en bas des chambres du profilé. Si des dalles alvéolées en béton précontraint sont utilisées entre les poutres, la résistance au feu du plancher est gouvernée par la résistance propre de la dalle, qu'il faut alors vérifier. Ces systèmes ne sont couverts ni par les normes nationales ni par les Eurocodes.
Le poids propre de ces systèmes est généralement inférieur à celui des planchers en béton armé mais plus élevé que celui des planchers mixtes.

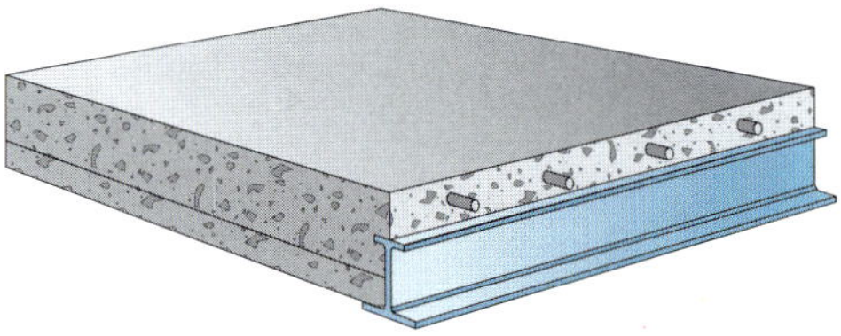

Poutre intégrée dans l'épaisseur de la dalle.

Structure plancher sec

Le plancher sec (PCIS de la société Haironville) est composé d'une poutre acier et d'un bac acier, revêtu sur une face d'un panneau Triply recouvert de deux plaques de plâtre, constituant le plancher haut, et sur l'autre face de deux plaques de plâtre montées sur une ossature secondaire retenant un matelas de laine minérale, constituant le plafond. Il a été conçu pour les bâtiments collectifs à plusieurs niveaux et les ERP. Sa portée est de 6 mètres, pour une épaisseur de 30 centimètres. Ses performances au feu sont fondées sur les performances du faux plafond. Elles peuvent être adaptées, CF une demi-heure ou une heure, en fonction des exigences réglementaires.

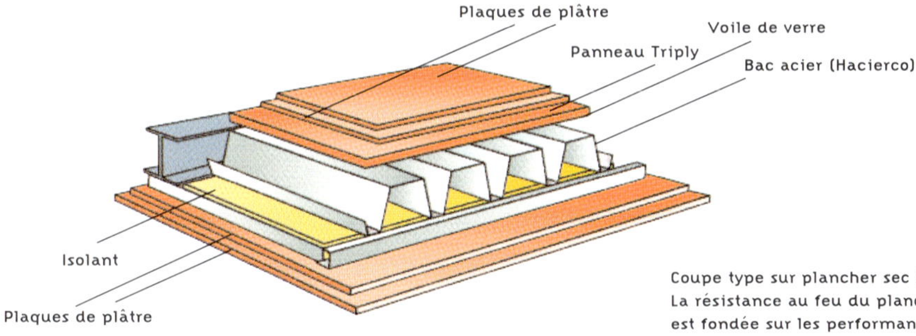

Coupe type sur plancher sec PCIS. La résistance au feu du plancher sec est fondée sur les performances du faux plafond.

Tableaux de synthèse

Tableau récapitulatif des réponses de l'acier en structures

Exigence de stabilité	**Structures acier**			**Structure mixte acier-béton**
	Structure extérieure non protégée	Structure intérieure non protégée	Structure intérieure protégée	
Aucune	Vert	Vert	Vert	Vert
1/4 h	Vert	Vert	Vert	Vert
1/2 h	Vert	Orange	Vert	Vert
1 h	Orange	Rouge	Vert	Vert
1 h 1/2	Orange	Rouge	Vert	Vert
2 h	Orange	Rouge	Vert	Vert
4 h	Orange	Rouge	Vert	Vert

Vert = aucune restriction.
Orange = possibilité courante d'utilisation devant être justifiée par une étude d'ingénierie incendie ou précautions particulières.
Rouge = difficulté d'utilisation pour un coût raisonnable ; à déconseiller sauf contraintes particulières du projet. Utilisation nécessitant des justifications particulières.

Tableau récapitulatif des réponses de l'acier en planchers

Exigence de degré coupe-feu	**Systèmes de plancher mixte acier-béton**			**Systèmes de plancher sec**
	Poutre acier non protégée + dalle béton ou bac collaborant avec connecteurs	Poutre acier protégée avec bac acier remplissage béton	Dalle béton préfabriquée + poutre acier intégrée (type *slim floor*)	Bac acier + plaque rapportée
Aucune	🟢	🟢	🟢	🟢
1/4 h	🟢	🟢	🟢	🟢
1/2 h	🟡	🟢	🟢	🟡
1 h	🟡	🟢	🟡	🟡
1 h 1/2	🟡	🟢	🟡	🟠
2 h	🟡	🟢	🟡	🟠
4 h	🟡	🟡	🟠	🟠

Les toitures

Le bac acier nervuré étant M0, il répond à toutes les exigences en matière de réaction au feu et peut être utilisé sans restriction. En outre, la présence du bac en acier limite les risques d'inflammation en provenance d'un incendie voisin.

Isolement latéral entre un ERP et un tiers contigu

L'article CO 7 applicable aux établissements recevant du public traite de l'isolement des façades et couverture.
Lorsque la réglementation exige que la couverture soit « pare-flammes », l'appréciation de l'exigence se fait de l'intérieur vers l'extérieur. En cas de doute sur le degré de résistance requis du bac (au niveau du recouvrement), il est conseillé de mettre en œuvre un faux plafond aux performances compatibles avec les exigences requises, pour obtenir le résultat demandé.

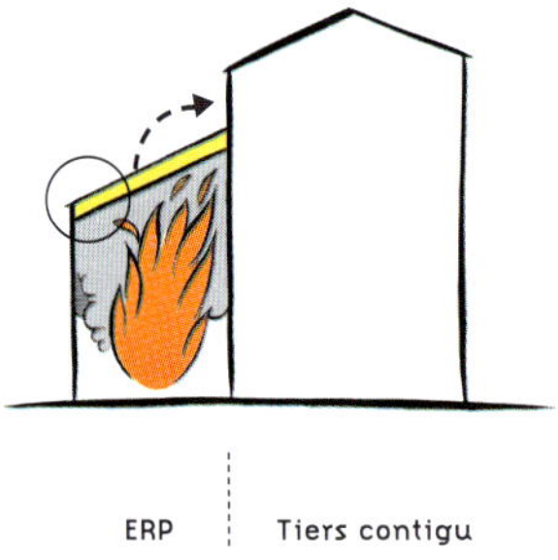

La résistance au feu de la toiture peut être améliorée par la mise en œuvre d'un faux plafond aux performances exigées.

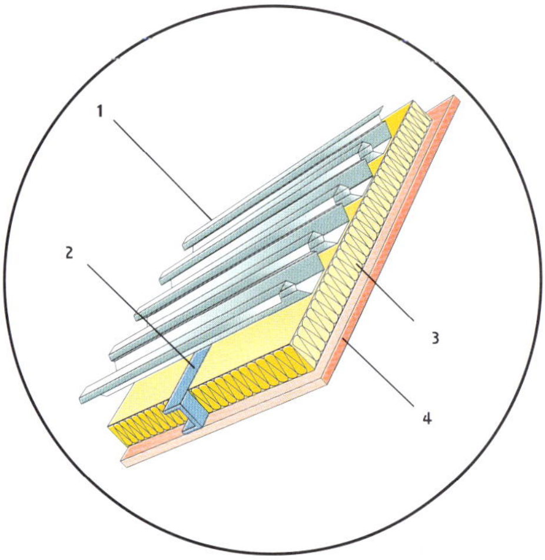

1. bac en acier
2. panne métallique
3. isolation
4. plafond pare-flammes

Conception des toitures

La toiture offre généralement une bonne résistance au cours de la phase de développement initial de l'incendie, retenant les fumées et les gaz chauds. Cette situation peut conduire rapidement à la généralisation de l'incendie si la toiture ne cède pas localement. Il importe donc d'évacuer au plus vite les produits de combustion en multipliant les surfaces d'exutoires de toiture (dômes à ouverture automatique, surfaces d'éclairement fusibles, verrières...).

Feu d'entrepôt sans exutoire : la chaleur et les fumées s'accumulent sous la toiture. L'intervention des secours est compliquée par l'absence de visibilité et l'embrasement spontané.

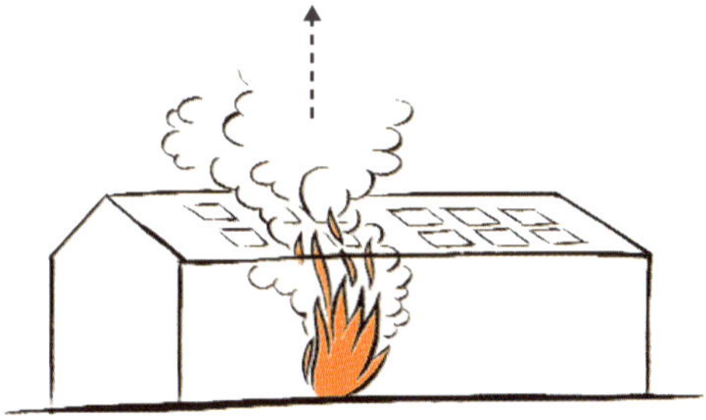

Feu d'entrepôt avec exutoire : les produits de l'incendie sont canalisés verticalement et évacués vers l'extérieur. Le désenfumage facilite la localisation du foyer et accroît l'efficacité des secours.

Les parois verticales extérieures

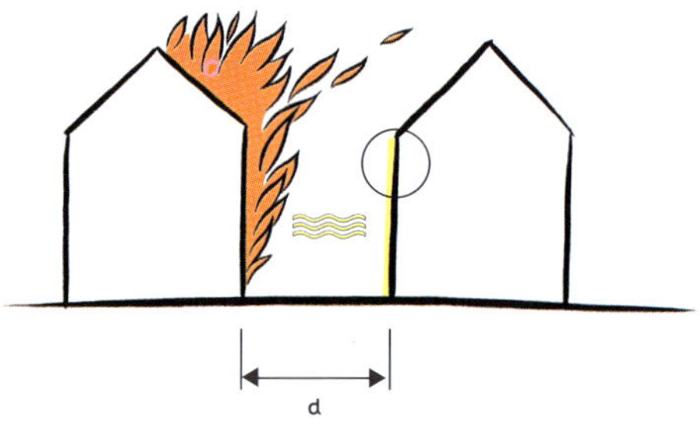

Lorsque la distance (d) est inférieure à 8 mètres, des dispositions réglementaires doivent être mises en application.

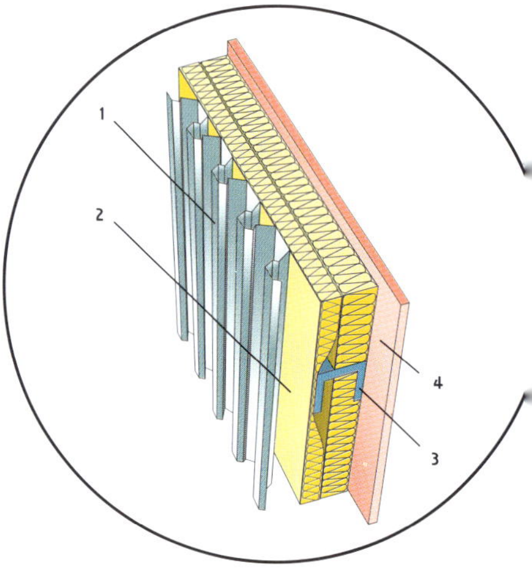

Exemple de solution pare-flammes
Il s'agit d'un complexe composé :
1. d'un bardage acier ;
2. d'un isolant ;
3. d'une ossature secondaire ;
4. d'une plaque de plâtre appropriée ou d'un plateau de bardage.

En cas de propagation d'un incendie vers un bâtiment tiers, la solution acier en parois verticales extérieures est une réponse performante, le matériau étant incombustible. La transmission du feu peut se faire de plusieurs manières.

Propagation d'un incendie d'un bâtiment à l'autre, par rayonnement

Au contact d'un flux thermique, l'acier ne s'enflamme pas et ne propage pas le feu. Isolé avec des laines minérales, en solution double peau, il peut avoir un degré pare-flammes important, attesté par des procès-verbaux d'essais.
L'article CO 8 (ERP) de l'arrêté du 25 juin 1980 modifié précise les dispositions à mettre en application lorsque la distance d est inférieure à 8 mètres.
Pour l'habitation, se référer aux articles 11 à 14 de l'arrêté du 31 janvier 1986.
Dans le cas d'une façade vitrée nécessitant un degré PF d'une demi-heure ou plus, voire coupe-feu, la solution qui consiste à mettre en œuvre un profilé en acier intérieur avec vitrage approprié répond à cette exigence, sous condition d'une évaluation par un laboratoire agréé.
Dans le cas d'une façade pleine, d'autres solutions existent, par exemple un complexe composé (voir illustration ci-dessus).

Transmission du feu d'un niveau à un autre d'un bâtiment par les ouvertures des façades (règle du C + D)

L'article CO 21 indique les conditions d'application du C + D visant les bâtiments ERP :
- comportant des locaux réservés au sommeil au-dessus du premier étage ;
- dont le dernier niveau est à plus de 8 mètres ;
- comportant des parties de façade situées au droit des planchers hauts, locaux à risques importants ;
- comportant des parties de façade situées au droit des planchers d'isolement avec un tiers.

Il n'y a aucune exigence C + D si l'établissement recevant du public (excepté les IGH) occupe la totalité du bâtiment et s'il est équipé d'une installation d'extinction automatique étendue à l'ensemble du bâtiment ou d'un système de sécurité de catégorie A (disposant d'une alarme).
Pour les logements, on utilise la règle du C + D à partir de la troisième famille.
L'acier, par son pouvoir calorifique nul, participe activement à l'application de cette règle.

L'exigence en matière de C + D est fonction de la masse combustible mobilisable de la façade.
L'article CO 21 § 3 précise la résistance au feu des façades comportant des baies, et fixe les règles d'application du C + D :
$C + D \geq 1$ m si $M < 80$ MJ/m^2
$C + D \geq 1{,}30$ m si $M > 80$ MJ/m^2
où M représente la masse combustible mobilisable en façade.
L'instruction technique n° 249, relative aux façades, précise les solutions qui ne nécessitent pas d'essai au feu (LEPIR II). L'acier non protégé est un matériau écran qui participe aux solutions définies dans l'instruction technique.

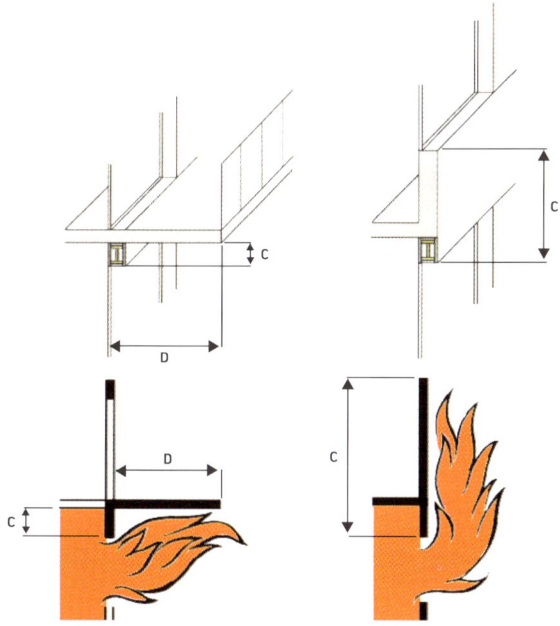

Importance de l'application de la règle du C + D face au développement d'un incendie, particulièrement au niveau des baies.

Dans le cas de façades vitrées nécessitant un degré pare-flammes ou coupe-feu, la solution profilé en acier et vitrage approprié répond à cette exigence.
De nombreux fabricants ont développé des systèmes de profilés légers isolants en acier et en inox avec homologation pour façades résistant au feu PF une demi-heure, PF une heure, voire CF une demi-heure et une heure.
Pour répondre au C + D sans écran, il faut avoir une façade CF une demi-heure ou CF une heure.

Propagation du feu aux composants de façades

Cette propagation peut se faire principalement en raison de la nature de l'isolant si celui-ci est combustible. Dans les façades ayant des aspects métal, on trouve principalement deux solutions :
– le bardage double peau avec isolant en laine de verre ou roche, deux isolants peu combustibles ;
– le panneau sandwich entièrement manufacturé en usine, composé de divers parements et isolants généralement combustibles.

Types de panneaux sandwich

On rencontre des parements en polyester, acier prélaqué ou inox laqué. Si le parement est incombustible, la dangerosité sera moindre.
L'isolation thermique est réalisée à partir de :
– mousse de polyuréthane injectée ou contre-collée ;
– mousse de polystyrène expansé ou extrudé ;
– laine de roche collée.
L'utilisation de mousse de polyuréthane représente la plus grande partie des panneaux sandwich, pour des questions de performances thermiques, techniques, de poids et de prix.

Les panneaux sandwich, composés de deux parements acier et d'une âme en mousse isolante, sont les plus répandus.

Cas de l'agroalimentaire

On observe un fort développement des panneaux sandwich dans les bâtiments agroalimentaires, eu égard aux fortes contraintes d'isolation et d'hygiène.
En comportement réel, le risque d'incendie est plus grand dans l'agroalimentaire car :
– les cloisonnements et les plafonds intérieurs sont réalisés en panneaux avec une forte isolation combustible ;
– les parements intérieurs des panneaux ne sont pas M0 car, pour des raisons d'hygiène et d'économie, ils ont longtemps été réalisés en matériaux de type polyester recouvert d'un « gelcoat ». L'acier inoxydable prélaqué constitue une bonne alternative ;
– il y a de nombreuses traversées électriques non conformes aux règles de sécurité, souvent en raison d'erreurs de mise en œuvre ;
– le lavage à grande eau sur les parois peut entraîner des courts-circuits.

C'est pourquoi les sociétés d'assurances (Apsad) ont élaboré pour ce type de bâtiment un guide de sécurité incendie. Ce document technique D 14-A de l'Apsad, « Comportement au feu des panneaux sandwich », définit les deux types de classement à obtenir : pa 1 pour les isolants minéraux ; pa 2 pour les isolants organiques. Les panneaux doivent être mis en œuvre conformément aux prescriptions du guide.

Grands principes de sécurité pour les panneaux sandwich

Il faut :
– prescrire les parements intérieurs comme extérieurs M0 (acier) ;
– maintenir les panneaux et leur parement, par exemple avec des fixations traversantes ou des fixations spécifiques permettant à l'ensemble de résister à l'incendie ;
– respecter les consignes de montage concernant les emboîtements (éviter l'effet cheminée à la jonction entre panneaux, angles, etc.).

Le compartimentage

Cloisons et murs coupe-feu

Un mur coupe-feu est destiné à arrêter ou à retarder l'avancée d'un incendie dans un bâtiment. Au sens de l'arrêté du 3 août 1999, il doit résister, en laboratoire, pendant un temps donné aux conditions d'un feu conventionnel, être étanche aux gaz chauds, et la température ne doit pas dépasser 140 °C en moyenne et 180 °C en un point extrême. Dans les entrepôts de stockage ou bâtiments à simple rez-de-chaussée avec séparations coupe-feu une à deux heures ou plus, où aucune exigence de stabilité n'est requise, les sociétés d'assurances préconisent que le mur :

– remplisse son rôle et ne soit pas entraîné par la ruine du bâtiment ;

– dépasse suffisamment de la toiture, notamment pour les bâtiments d'entrepôts.

Différentes solutions de murs coupe-feu peuvent s'intégrer dans un bâtiment à ossature acier.

Mur coupe-feu à ossature légère

En France, dans les multiplexes, les centres commerciaux, les musées, se développent des cloisons sèches de grande hauteur composées d'une structure en profilés d'acier minces de 15 ou 20/10e, de plaques de plâtre et de laine minérale. Ce type de cloison, outre ses performances phoniques, peut avoir des performances coupe-feu jusqu'à trois heures, voire davantage, pour des hauteurs de 12 à 18 mètres.

Mur coupe-feu avec fusible

Le mur coupe-feu avec fusible est moisé entre deux structures et relié par des attaches fusibles qui vont fondre à chaud. En cas d'incendie, si la structure s'effondre, elle n'entraîne pas le mur, lequel est retenu par le point d'accrochage se trouvant de l'autre côté du feu.

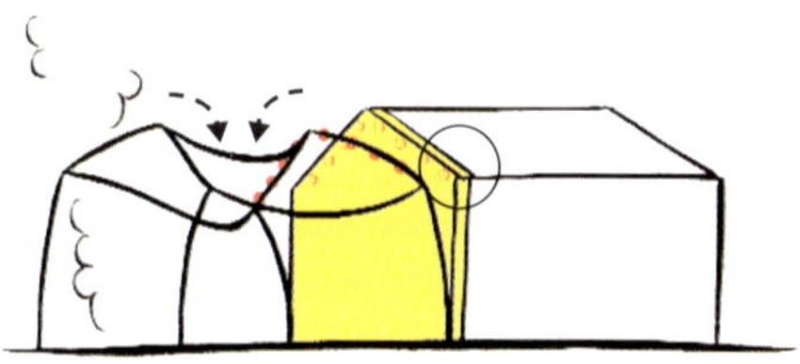

Mur coupe-feu avec fusible

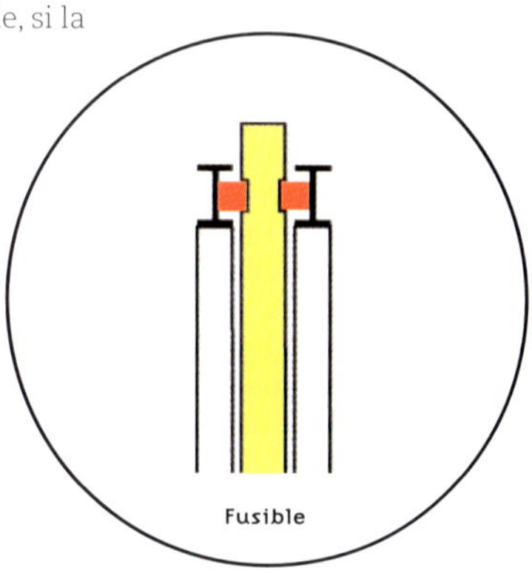

Rideau coupe-feu

Le bureau d'études Ingerop et le fabricant Boullet ont développé pour le parc des Expositions de la Porte de Versailles un rideau breveté pouvant être coupe-feu jusqu'à deux heures, et utilisable pour des hauteurs allant jusqu'à 12 mètres. C'est un système relativement onéreux, car il nécessite une amenée d'eau et une motorisation. Il a toutefois l'avantage d'être repliable sur la hauteur, permettant au maître d'ouvrage d'utiliser toute la surface du local sans la contrainte d'un mur qui gênerait l'exploitation du bâtiment. La présence d'un joint de dilatation sur la structure à cet emplacement permet l'accrochage du rideau de part et d'autre du joint, et préserve ainsi sa tenue mécanique en cas d'effondrement d'une partie de la structure.

C'est un système particulièrement adapté à des locaux qui reçoivent du public :

– abaissé, il constitue un compartimentage qui contient l'incendie et en limite la propagation ;

– relevé, il permet d'avoir une vision globale du local et de détecter ainsi précocement un éventuel départ de feu.

Portes et cloisons

En matière de sécurité contre l'incendie, la menuiserie en acier joue un rôle important. Il existe de nombreux fabricants de portes pare-flammes ou coupe-feu en acier dans une gamme d'une demi-heure à deux heures. Les cadres des portes ou cloisons sont des profilés en acier assemblés par soudage électrique avec ou sans isolant thermique. Le vitrage incorporé possède des propriétés intumescentes.
Il est nécessaire d'obtenir les procès-verbaux des fabricants, et d'en respecter les contraintes. Si cela est impossible, il convient de demander un « avis de chantier » à un laboratoire agréé. Pour un très grand nombre de types de bâtiments (établissements recevant du public, établissements industriels et commerciaux), la règle du compartimentage est nécessaire à la sécurité.
Toutefois, cette règle peut se révéler contraignante du point de vue architectural ; c'est pourquoi on voit se développer de plus en plus de cloisons vitrées coupe-feu. La transparence constitue un atout architectural et un instrument de sécurité, permettant de détecter ou de visualiser un incendie très tôt, et d'assurer ainsi l'évacuation des personnes, tout en facilitant l'intervention des secours.

Validation par l'essai

Pour justifier leurs performances, les menuiseries doivent faire l'objet d'essais dans des laboratoires agréés, selon les modalités définies par l'arrêté du 3 août 1999 du ministère de l'Intérieur.

Cloison vitrée coupe-feu

Essais au feu des ensembles

Les résultats de ces essais sont valables pour l'ensemble testé et tous les éléments en sont indissociables. Ainsi, un classement prononcé par exemple pour un bloc porte dans une cloison vitrée n'est valable que pour l'ensemble décrit avec un type de verre précis, une gamme de profilés en acier précis, des joints et des quincailleries précis, et c'est cet ensemble qui est classé.
On ne peut parler d'éléments isolés classés en résistance au feu. Par exemple, ne peuvent être classés au feu un vitrage seul ou un vantail de porte seul.
Après un essai, les conclusions du laboratoire agréé tiennent compte aussi :
- du principe de montage dans les supports (bloc porte dans une cloison vitrée ou dans un mur en béton, châssis avec un système de ventilation) ;
- de l'orientation des vitrages dans les châssis ;
- du système de montage des vitrages dans les châssis ;
- de la forme des produits.

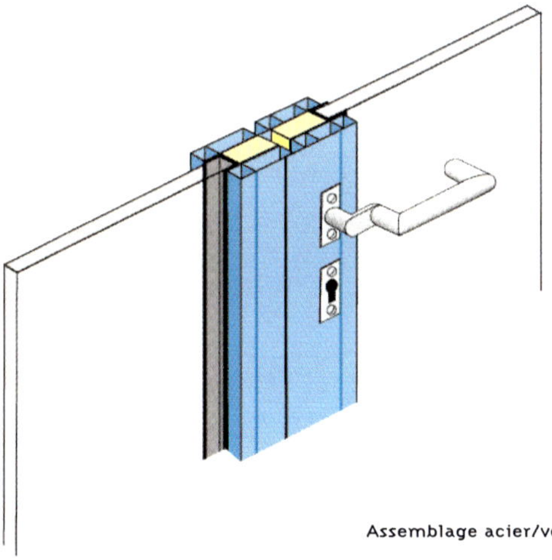

Assemblage acier/verre coupe-feu

5 ANNEXES ET GLOSSAIRE

Adresses utiles

Afnor, Association française de normalisation
11, avenue Francis-de-Pressensé,
93571 Saint-Denis-La Plaine Cedex
Tél. : 01 41 62 80 00 / www.afnor.fr

AFPPI, Association française pour la protection passive contre l'incendie
3, rue Alfred-Roll,
75849 Paris Cedex 17
Tél. : 01 44 01 47 60 / www.afppi.com.fr

Arcelor
Arcelor Building & Construction Support
Immeuble Pacific 13, cours Valmy
92070 La Défense Cedex
Tél. : 01 41 25 58 01 / www.archimetal.com

Arcelor Long Commercial
66, rue de Luxembourg,
4221 Esch-sur-Alzette, Luxembourg
Tél. : 352/53/13 30 07 / www.alc.arcelor.com

CECM, Convention européenne de la construction métallique
32/36, avenue des Ombrages, bte 20,
1200 Bruxelles, Belgique
Tél. : 02/762 04 29 / www.steelconstruct.com

CNPP, Centre national de prévention et de protection
Route de la Chapelle-Réanville, BP 2265,
27950 Saint-Marcel
Tél. : 02 32 53 64 00 / www.cnpp.com

Commission plénière des assurances de biens et de responsabilité (anciennement Apsad)
26, boulevard Haussmann,
75311 Paris Cedex 09
Tél. : 01 42 47 90 00

CSTB, Centre scientifique et technique du bâtiment
84, avenue Jean-Jaurès, Champs-sur-Marne BP 2,
77421 Marne-la-Vallée Cedex 2
Tél. : 01 64 68 82 82 / www.cstb.fr

CTICM, Centre technique industriel de la construction métallique
Domaine de Saint-Paul,
78471 Saint-Rémy-lès-Chevreuse Cedex
Tél. : 01 30 85 25 00 / www.cticm.com

GTFI, Groupement technique français de l'ignifugation
10, rue du Débarcadère,
75017 Paris
Tél. : 01 40 55 13 13

Ineris, Institut national de l'environnement industriel et des risques
Parc technologique Alata, BP 2,
60550 Verneuil-en-Halatte
Tél. : 03 44 55 66 77 / www.ineris.fr

Otua, Office technique pour l'utilisation de l'acier
Immeuble Pacific, 11, cours Valmy,
92070 La Défense Cedex
Tél. : 01 47 67 04 02 / www.otua.org

SCMF, Syndicat de la construction métallique de France
20, rue Jean-Jaurès,
92807 Puteaux Cedex
Tél. : 01 47 74 66 15

SNPPA, Syndicat national du profilage des produits plats en acier
60, rue La Pérouse,
75784 Paris Cedex 16
Tél. : 01 40 69 58 90 / www.snppa.fr

Abréviations et glossaire

Acier – Alliage à base de fer, contenant du carbone (< 2 %) et éventuellement des éléments d'addition dits alliages.

Acier HLE (Haute limite élastique) – Acier dont la limite d'élasticité est égale ou supérieure à 355 N/mm^2.

AISC – American Institute Steel Company. Association pour la promotion de la construction acier aux États-Unis.

Assemblage – Dispositif constructif permettant de relier, par boulons, rivets, rivelons ou soudure, les barres ou plaques d'une pièce élémentaire, d'un sous-ensemble, d'une ossature.

Avis de chantier – Avis formulé par un laboratoire agréé pour un ouvrage particulier.

Bac collaborant – Bac en acier associé à une chape de béton de manière à constituer une structure mixte de dalle. Les deux composants (acier et béton) collaborent pour assurer la résistance aux charges de la dalle.

CCS – Commission centrale de sécurité, sous l'égide du ministère de l'Intérieur.

CECMI – Comité d'études et de classification des matériaux et éléments de construction par rapport aux dangers de l'incendie sous l'égide de la Direction de la sécurité civile du ministère de l'Intérieur.

Charge calorifique – Énergie calorifique qui peut être produite par la combustion complète de tous les matériaux combustibles contenus dans un volume, y compris les revêtements de toutes les surfaces.

Comburant – Qualifie un corps qui, se combinant avec un autre (le combustible), permet sa combustion.

Combustible (adj. et n. m.) – Qui a la propriété de brûler.

Combustion – Réaction exothermique d'un combustible avec un comburant.

Connecteur – Goujon soudé à une poutre métallique et destiné à assurer une liaison mécanique avec une dalle béton pour solidariser les deux matériaux dans une résistance commune aux charges.

Construction mixte – Se dit des ossatures métalliques associées à du béton armé (exemple : poutre acier et dalle béton, tube rempli de béton, H ou I rempli de béton entre les ailes, ou enrobé de béton). Les deux matériaux participent à la reprise des efforts, la mixité améliorant le comportement au feu des structures.

Critère R stabilité au feu (SF) – Critère selon lequel est déterminée l'aptitude d'un élément ou d'une structure à supporter des charges et/ou actions spécifiées lors de l'essai de résistance approprié.

Critère RE pare-flammes (PF) – Critère selon lequel est déterminée l'aptitude d'un élément de séparation à empêcher le passage des flammes et des gaz chauds.

Critère REI d'isolation thermique coupe-feu (CF) – Critère selon lequel est déterminée l'aptitude d'un élément séparatif à prévenir le passage de la chaleur lors d'essais de résistance au feu.

CSIC – Conseil supérieur des installations classées, sous l'égide du ministère de l'Écologie et du Développement durable.

DDSC – Direction de la défense et de la sécurité civiles du ministère de l'Intérieur.

DTU – Document technique unifié.

Epic – Engineered Panels in Construction. Association britannique de fabricants de panneaux sandwich.

ERP – Établissements recevant du public.

Euroclasses – Nouvelles déterminations des réactions au feu au niveau européen.

Feu développé – État de combustion vive généralisée de l'ensemble des matériaux combustibles dans un espace fermé.

« Flash-over » ou embrasement éclair – Passage à l'état de combustion généralisée en surface de l'ensemble des matériaux combustibles dans une enceinte.

Flocage – Application par projection de fibres minérales de densités diverses ou d'enduit spécifique afin d'isoler thermiquement.

GTFI – Groupement technique français de l'ignifugation. Syndicat professionnel regroupant les fabricants, applicateurs et distributeurs de produits améliorant le comportement au feu des matériaux.

IGH – Immeubles de grande hauteur.

IISI – International Iron and Steel Institute. Association mondiale des sidérurgistes.

ISO – International Organization for Standardization. Fédération mondiale d'organisations nationales de normalisation.

Nomogramme – Système de courbes permettant d'effectuer certains calculs numériques par simple lecture.

Panne – Ossature, en laminé à chaud ou profil à froid, reliant les fermes ou poutres principales de toiture et reportant sur celles-ci les charges ou surcharges.

Panneau sandwich – Panneau préfabriqué en usine, constitué de deux peaux extérieures en acier ou autre matériau, entre lesquelles est placé l'isolant.

PCS – Pouvoir calorifique supérieur.

Performance au feu – Comportement d'un élément lorsqu'il est exposé à un feu spécifique.

PME – Petites et moyennes entreprises.

Procès-verbal de classement – Le procès-verbal de classement au feu d'un produit donné est obtenu à partir d'un rapport d'essai, émis par un laboratoire agréé par le ministère de l'Intérieur (CTICM, CSTB ou Gerbam). Il s'agit d'un document officiel qui atteste le classement du produit ou de l'élément de construction, face à l'incendie, dans le cadre d'un essai normalisé. Le document fait l'objet d'une publication volontaire au *Journal officiel* de la part du récipiendaire.

Profilé à froid – Produit obtenu en utilisant l'aptitude au formage à froid des aciers de faible épaisseur. La tôle est progressivement pliée sans modification d'épaisseur.

Profilés marchands – Produits longs laminés à chaud de sections diverses que sont les I et les H. Les IPE ont des ailes d'épaisseur constante, les IPN ont des ailes d'épaisseur variable, les H ont des largeurs identiques à leurs hauteurs. Les autres laminés marchands sont des profilés en U et en L.

PRS – Profilé reconstitué soudé. Poutrelle en acier constituée de tôles soudées entre elles, le plus souvent sur un banc de soudage automatisé.

Rapport d'essai – Le rapport d'essai est un document technique, désormais européen, qui décrit le test auquel a été soumis l'élément considéré et les résultats observés. Les essais concernant les performances à l'incendie sont normalisés et les laboratoires doivent être agréés pour que les résultats puissent être validés et officiellement opposables dans les contrats de construction.

Réaction au feu – Comportement d'un matériau qui, par sa propre décomposition, alimente un feu auquel il est exposé, dans des conditions spécifiées.

Résistance au feu – Aptitude d'un objet à conserver pendant une durée déterminée la stabilité au feu, l'étanchéité au feu, l'isolation thermique requises et/ou toute autre fonction exigée, spécifiées dans un essai normalisé de résistance au feu.

RIA – Robinet d'incendie armé.

Risque de l'incendie – Le risque de l'incendie est le produit de la probabilité d'apparition dans un processus ou un état technique donnés, et de l'importance attendue des dommages dans l'apparition d'un feu.

SBI – Single Burning Item : nouvel essai européen pour évaluer la réaction au feu.

Scénario d'incendie – Description détaillée des conditions, y compris de l'environnement, dans lesquelles se déroulent une ou plusieurs étapes d'un feu réel à un emplacement spécifique, ou d'une simulation en vraie grandeur, depuis l'allumage jusqu'à la fin de la combustion.

Visite de conformité – La visite de conformité est effectuée par la Commission de sécurité et concerne exclusivement les ERP. À l'issue de la visite, qui se déroule généralement 48 ou 72 heures avant l'ouverture des locaux, la commission délivre un avis, qu'il remet au maire de la commune, en qualité de responsable de la police du feu. Cet avis n'a pas de caractère coercitif, mais il est généralement suivi, car le maire prend rarement le risque de contredire les experts.

Bibliographie

L'Acier et la sécurité au feu : une approche globale,
Eurofer, Bruxelles, 1993.

Behaviour of Multi-storey Steel Framed Buildings in Fire,
Corus, 1999.

Design of Single Storey Industrial Building for Fire Resistance-steel Construction,
volume 26, n° 2, AISC, 1992.

Essais d'incendies naturels avec profilés en acier nus et protégés,
CECAM, Bruxelles, 1993.

Eurocode 1, Part 1-2 : General Actions-Actions on Structures Exposed to Fire,
Final Draft (Stage 49), 2002.

Exemples d'application de l'ingénierie de la sécurité incendie,
CTICM, revue *Construction métallique*, 1999.

Fiches d'information relatives à la résistance au feu,
CTICM-CECM, n° 82, Bruxelles, 1996.

The Fire Design of Composite Beams, According to the Eurocode 4, part 10, Structural Fire Design,
rapport n° 14/91,
Arbed, 1991.

Fire Performance of PUR Steel Sandwich Panels Used for Façades,
Isopa, 1995.

Guide de la conception pour les planchers minces à poutres incorporées,
CTICM, revue *Construction métallique*, 1998.

Matériaux classés au feu,
coll. « Répertoires Socotec »,
Socotec, Paris, 6e édition, 1992.

Model Code on Fire Engineering,
CECM, n° 111, Bruxelles, 2001.

Natural Fires in Large Scale Compartments,
British Steel, 1994.

Parcs de stationnement en superstructure largement ventilés. Avis d'expert sur les scénarios d'incendie,
Ineris-CTICM, 2001.

Performance of External Cladding Systems in Fire,
Epic (Engineered Panels in Construction), 1998.

Règles R 15 (janvier 2000) et D 14 (juillet 2000),
Apsad.

Résistance au feu des constructions en acier,
CECM, note technique n° 89, Bruxelles, 1995.

Résistance au feu des produits de construction,
coll. « Recueil : Normes et réglementations Bâtiment », Afnor, Saint-Denis-La Plaine, 2001.

Sécurité au feu : vocabulaire,
(pour NF EN ISO 13943),
Afnor, 1998.

Sécurité incendie,
Socotec/Grandjean, tomes 1 et 2,
Éditions du Moniteur, 1998.

Structural Steel Fire Design,
SBI Publication 134, 2000.

Supporting Construction. A Guide to Fire Safety,
BHP, 1999.

Grimault, J.-P.,
Construction mixte : les profils creux remplis de béton,
Otua, 2001.

Joyeux, D., Kruppa J., et Zhao, B.,
Applications de l'ingénierie de la sécurité incendie à un parc à voitures en superstructure,
CTICM, revue *Construction métallique*, 2001.

Kruppa, J.,
Rôle de la stabilité au feu des ossatures métalliques de bâtiments à simple rez-de-chaussée,
CTICM, 1999.

Ministère de l'Intérieur
Règlement de sécurité contre l'incendie relatif aux établissements recevant du public,
France-Sélection, Aubervilliers, 7e édition, 1992.

Annexe 1

Avis de chantier

L'arrêté du 3 août 1999 (*JO* du 11 septembre 1999) relatif à la résistance au feu des produits, éléments de construction et d'ouvrages et ses annexes, publiées dans les documents administratifs n° 29, précisent les règles d'élaboration et d'utilisation de certaines règles, dont les avis de chantier.

Article 24

Lorsque, pour un ouvrage particulier, les performances de résistance au feu ne peuvent pas être directement justifiées par un procès-verbal, un calcul selon des méthodes approuvées, ou la conformité à des procédés de fabrication ou de construction approuvés, une appréciation d'un laboratoire agréé peut être sollicitée. Cette appréciation prend alors la forme d'un avis de chantier uniquement valable pour cet ouvrage particulier.
Dans le cas où cette opération prend en compte une ou des actions thermiques autres que celles utilisées dans les essais conventionnels, l'autorisation des autorités publiques compétentes est requise.
La demande d'avis de chantier doit intervenir le plus tôt possible avant la phase de construction et être accompagnée de toute information nécessaire.
L'utilisation de résultats d'essais dans le cadre d'une procédure d'avis de chantier ne peut se faire qu'avec l'accord du demandeur de ces essais.

Annexe 2

Aide à la définition du cahier des charges

Compte tenu de la destination de l'ouvrage à construire et des études réalisées, la structure acier du bâtiment doit recevoir ou non une protection rapportée.
Dans le cas où il est nécessaire de prescrire ce type de protection, celle-ci doit avoir fait l'objet d'essais spécifiques permettant de couvrir l'ensemble des exigences demandées d'une demi-heure à deux heures pour les poteaux et les poutres.
L'épaisseur à mettre en œuvre pour une durée de stabilité donnée est conditionnée par le facteur de massiveté des aciers et la température critique qui peut être prise forfaitairement ou calculée réellement.
Les produits de protection devront, dans leur mise en œuvre, répondre à leur propre DTU ou Règle professionnelle.
Exemple :
- produits projetés fibreux : DTU 27-1 ;
- produits projetés pâteux : DTU 27-2 ;
- peintures intumescentes : Règles professionnelles de mise en œuvre des peintures intumescentes sur support acier ;
- ouvrages de plaques de plâtre cartonnées : DTU 25-41.

Descriptif type selon le bâtiment et sa destination :
« La structure principale de l'ouvrage doit avoir une stabilité au feu de ... heure, suivant l'article ... du règlement (ERP, Code du travail...).
Les méthodes et conditions d'évaluation des performances de résistance au feu des produits, éléments de construction et d'ouvrages, auxquelles se réfèrent les règlements de sécurité contre l'incendie, devront répondre à l'arrêté du 3 août 1999.
Si un système de protection rapporté est utilisé, il devra également répondre à son DTU ou à sa Règle professionnelle. »

Notes

Notes

Deuxième édition
achevée d'imprimer en août 2003
sur papier Magno mat classic blanc
par l'imprimerie Expressions II à Paris
Dépôt légal : septembre 2003

Cet ouvrage est imprimé sur du papier sans chlore